▼ 激勵
總之 用力誇誇他！

▼ 不該只知道企業「缺什麼
更該知道企業「有什麼」

優勢管理學

用故事訴說企業管理，當一個老闆欣賞、下屬愛戴的成功經理人

不是缺少人才，而是缺少發現！

吳光琛　著

▼ 糖給足了，
偶爾還是得讓鞭子亮亮

▼ 問題越找越多
效率卻越來越

目錄

前言

第一章　經理怎麼越來越像警察

緣起……018
「經理怎麼越來越像警察?」……019
問題越找越多，效率卻越來越差……021
反叛心理從何而來?……022
目標離我越來越遠……024
尋覓之旅……025

目錄

第二章　尋覓優勢型經理人

「拜師學藝」……030
為何大家都充滿了激情？……031
我的第一項工作：尋找優點……032
小馬的變化讓我感到震驚……034
為什麼要去尋找優點？……036

第三章　優勢型經理人素描

優勢型經理人的三個特徵……042
特徵一：目標明確……044
特徵二：樂於發掘優勢……045
特徵三：主動出擊……047
優勢型經理人與傳統經理人的區別……049

第四章　優勢型經理人——一種全新的形象
「專家型」員工如是說……052
小張案例的啟示……054
優勢型經理人是一種全新的形象……056
優勢型經理人的激勵觀……057
第五章　優勢型經理人最重視的策略——優勢導向
優勢與優勢導向……062
優勢確認的標準與方法……064
優勢的導向……067
第六章　優勢型經理人最有效的權力——激勵權
經理人的五種權力……072
激勵是一種效力極大的權力……074
激勵要注意階段性特徵……076

目錄

激勵權會導致新的向心力的產生……078
經理人要自覺運用激勵權……079

第七章　劣勢的導向

尊重人性的弱點……082
管理人的劣勢和劣勢的人……084

第八章　工作需要的是人的優點——優勢激發原則

新的尋覓……090
兩組廣告的啟示……091
每一位員工都有他的優點……093
每一個員工都希望展示自己的優點……095
優勢是需要經常激發的……097
引導優勢的遷移……099
優勢激勵不拘一格……100

激勵的時機……101
優勢是一棵樹……103

第九章　你是重要的——整體信任原則

比馬龍效應……106
對每一個員工都要有明確的期望……107
整體信任是發揮員工優勢的前提……109
關注沉默的中間層……111
員工也是自主管理者……113

第十章　加入整體的進程——目標網路原則

優勢導向是一個目標管理的過程……118
目標要成為員工優勢的催化劑……119
企業整體目標構成需遵循的兩個準則……121
團隊目標導向的兩條基本管道……122

目錄

目標的網路化管理……124

第十一章　人有幾個形象——情境管理原則

根據員工當時的優勢狀態實施靈活的優勢導向……128

員工「成熟度」的四個水準點……129

對不同的員工採取不同的領導風格……131

對同一個員工也要採用不同的領導方式……132

人人都有幾個形象……134

第十二章　讓我幫助你——走動管理原則

經理人要走出辦公室……138

管與理相結合……139

讓我幫助你……140

說明要體現在目標網路的每一個環節上……141

第十三章　員工的優勢導向

走進「優勢導向」……146
人人都有自己的發展軌跡……147
給員工一個明確的目標……148
公開你對員工的期望……150
揚其所長化其所短……152
給員工工作的自由度……155
為他鼓掌……157
牢騷的價值……159
員工自我激勵的誘導……162

第十四章　團隊的優勢導向

共同的願景……168
注入共同的價值觀……170

目錄

能人效應……172
沉默的中間層……174
有效的溝通……177
增強團隊的士氣……179
協調有序競相發展……181

第十五章　整體的優勢導向

管理團隊的整體威望……186
發揮各職能部門的優勢……188
企業文化的力量……190
優勢互補……192
整體優勢的選擇與導向……194

第十六章　新優勢的導向

新的目標需要新的優勢……200

員工的新優勢導向……201
團隊的新優勢導向……204
整體的新優勢導向……207

第十七章　優勢導向的批評藝術

激勵有兩個面向……214
批評的目的：為了把工作做得更好……215
批評是一種期待……216
批評是一種交流……219
批評是一種指導……220

第十八章　你可以成為優勢型經理人

優勢導向沒有公式……226
「優勢導向」不只是經理人一個人的管理……229
優勢導向所不能代替的……230

目錄

你可以成為優勢型經理人……231
尾聲
後記

前言

在當前企業管理的實踐中，我們的經理人幾乎都自覺或不自覺地把自己當成了一個「警察」，每天的工作似乎就是發現問題，防範問題，圍繞著員工的問題、企業的問題在繞圈子。其結果是：問題發現了不少，也解決了不少，但令其困惑的是，員工和企業的問題並沒有因此而減少。

問題的癥結點在哪裡？是現在的員工因為自我意識的覺醒而越來越不自覺？還是因為市場的競爭越來越複雜而導致企業的問題越來越多？帶著這個問題，我一直在苦苦地思索。直到有一天，我在一次企業的管理顧問活動中隱約地發現，我們的經理人的管理理念與方法似乎出了一點問題。他們在看到員工和企業的問題的同時，卻忽略了員工的優點和企業的優勢。他們對問題給予了極大的關注，而對優點優勢卻有意無意地予以了忽略。

前言

每一位員工都有他的優點，每一個企業也都有它的優勢。人的成長需要優點，企業的發展也需要優勢。那麼，企業管理呢？無疑，最需要的也就是對員工的優點和企業的優勢的發現、培育和運用。優勢的成長，就意味著劣勢的減少，企業的發展需要的正是員工優點和企業優勢的不斷成長。遺憾的是，很多經理人卻把他們的注意力投注在了員工和企業的問題上。

基於這一認識，我在十多年的企業管理顧問的過程中，把自己主要的注意力放在了對這一問題的研究和探索中，在無數次的觀察、思考和總結後，逐漸地形成和完善了「優勢導向」這一全新的企業管理的理念與方法。為了驗證這一理論的價值，我在好友的企業和自己的管理工作中付諸實踐，出乎意料的是，都收到了較好的效果，從而堅定了我對「優勢導向」理論的信心。

在這裡，我要特別說明的是，「優勢導向」理論的形成，並非我一個人的成就，我的大學同學嚴凌君老師，對這個理論的形成傾注了很多的心血，貢獻巨大。雖然我們那時關注的重點是學校的管理，與企業的管理有著巨大的差別，而且時間的距離又是如此之大。

在和企業家的交往中，我逐漸感覺到，「優勢導向」的理論，如果能和企業管理的實踐結合起來，一定會煥發出全新的魅力。於是，我便將我們兩個人多年以前共同提出的「優勢導向」的理論，獨自根據企業管理的特點和要求進行徹底的改良，以求能對企業管理有所貢獻。在這個過程中，許多知名的，或者說經驗豐富的企業家，為我的改良提供了許多建議。經過十多年的努力，今天，終於要和讀者見面了。在此，我要把這一成果的成功問世，首先歸功於我的同學嚴凌君。

本書只是我對企業管理系統思考的起步之作，未來還將陸續推出其他專著，希望能對企業的團隊管理、商業模式和企業變革等方面有所探索和思考。從市場經濟的層面來說，企業的發展，不只是規模的不斷擴大和市場化程度的不斷提升，理論的不斷成熟和完善，也是企業發展中一個不可忽視的因素，有時甚至是關鍵的因素。

當今的社會，是一個速食文化盛行的時代，在這個時代裡，我也無法

前言

獨善其身。於是，為了適合讀者的閱讀需求，我一改理論書籍枯燥繁瑣的論述模式，採用故事和對話的形式，試圖能最大限度地調動起讀者的閱讀欲望。我也知道，這一轉變不一定能夠成功，但我的個性是，做任何事總喜歡有一些創新。但願讀者能喜歡上這本書，在此，我誠摯地對大家道一聲：謝謝！

吳光琛

第一章 經理怎麼越來越像警察

S W O T

緣起

從上大學時起，我就非常渴望自己能成為一名優秀的職業經理人。

大學畢業後，我帶著這一理想，來到了一家生產家用電器的公司。由於工作努力，兩年後，我擔任了公司的人力資源主管。我兢兢業業地工作，從公司的人員應徵、培訓、績效管理到企業的制度建設等，可謂是盡心盡力。我的目的也就是為使自己能早日成為一名優秀的職業經理人打下扎實的基礎。

我所在的公司聚集了一大批高素養的人才，極具發展前景。在這樣的公司工作，是很多走出校園的學生的一個夢想。

公司的嚴總經理對我特別關心，他對我不但嚴格要求，還總是手把手地教我，他也希望我能夠成長為一個出色的職業經理人。

嚴總是一個一絲不苟的職業經理人，做事特別認真。他每天早早地來到公司，常常是深夜才離開他的辦公室。他常對我說，希望公司的每一名員工都能像他那樣嚴格要求自己，全身心地在工作上。

他對工作充滿著「激情」，公司裡的大小事情，大到公司裡的決策，小到每一個員工上下班的打卡、著裝等，他都要求很嚴，不容許有任何瑕疵。

我對自己能在嚴總的領導下工作感到信心十足，我覺得他就是我要尋找的那個出色的經理人。

因此，凡事我都以嚴總為榜樣，希望能在嚴總的領導下不斷成長，一步一步地邁向一個真正的優秀職業經理人的目標。

「經理怎麼越來越像警察？」

「我們的嚴總越來越像警察。」

進入公司後，我幾乎每天都會聽到這句話，耳朵都快要聽出繭來了。

在員工的心目中，嚴總怎麼會是一個「警察」呢？我百思不得其解。

的確，嚴總是一個很關注問題的老總，尤其是對員工的問題，不論問題大小，他都從嚴要求。他也常常告誡我：不要放過工作中的任何一個細節。在嚴總的領導下，公司上下的管理人員都養成了一個習慣：人人都善於尋找問題。用嚴總的話說，就是：管理就是要不斷地找出問題，不斷地解決問題。他認為，放過任何一個問題，就是對工作的不負責任。他也常常要求我，不但要不斷地找出工作中的問題，還要制定出一系列行文有效的企業制度，來防範問題的出現。

嚴總每天的第一個任務，就是打開他辦公室裡的監視器，觀察每一個員工的上班打卡和著裝情況；接著就是到各辦公室檢查；然後，召開每天的上班前例會，聽取各部門主管對於本部門存在的問題的報告。

他對問題總是很敏感，工作中每一個細小的問題，都逃不過他的眼睛，對於問題，他也從不放過。熟悉他的人，都稱他為企業的問題管理「專家」。

他自己也常說：企業的管理者都應該有一雙警察一樣敏銳的眼睛。

的確，他每天都在認真地尋找問題，也都在認真地解決問題。

時間一長，員工們暗地裡都戲稱他是一個稱職的「警察」老總。

問題越找越多，效率卻越來越差

成為員工眼中「警察」後的嚴總，對問題的興趣似乎也有增無減。

但是，令我越來越困惑的是，儘管我們費了不少的力氣去找問題，我卻發現，公司裡的問題不僅沒有減少，反而卻越找越多；工作的效率不僅沒有提高，相反，卻越來越低。而且，各部門中的不滿情緒也好像就要溢出堤岸的洪水，員工間私下裡的抱怨也在四處蔓延，只是礙於嚴總的「威嚴」，誰也不敢或者不願把那些話題拿到檯面上來。據我觀察，那些原本熱情滿滿的部門或者員工，其工作的熱情程度也都在問題的發現和解決的過程中慢慢地消退。

是我們尋找問題的方法不對，還是我們對待問題的態度不好？好像是，又好像不是。

針對員工工作熱情的消退，嚴總也多次召集公司中層以上的管理人員開會，努力想找到問題的原因。可找來找去，大家得出的一個結論就是：可能是公司的制度存在漏洞。

為了防範問題的發生，嚴總要求我們人力資源部門要加強公司制度的建設，並加大對公司制度的執行力道。

在公司各部門管理人員的協助下，經過反覆地推敲和修改，我們下了很大工夫，對公司的制度進行了一次全面的修正，制定出了一整套大家都認為較為完善的公司管理制度，經員工大會一致通過，並付諸實施，成立了專門的執行機構，強化制度的實施。

但好景還是不長。一段時間過後，公司裡的問題還在不斷地出現，有時問題甚至比過去更多。

作為人力資源主管的我，感覺到真的比警察還累。

反叛心理從何而來？

更讓我感到困惑的是，員工中的反叛心理也好像春風中的野草一樣，到處滋生和蔓延。

個別調皮的員工私下裡對我說：「你們不是要尋找問題嗎？那我們就多出一點問題給你們看看，免得你們沒事做！」

而且，我也發現，有一些員工好像越來越不大願意見到嚴總，即使在路上碰見也總是儘量繞開。

平心而論，嚴總應該屬於那種「開明型」的經理人。他是一個非常講道理的人，待人平易。無論哪個員工在工作中出現問題，也無論問題是大還是小，他都會非常耐心地找他談心，直到他認識了自己的錯誤。用員工們自己的話說，嚴總的談心就像「兄弟」間的知心話，和他談過心的員工，都從內心裡「感激」他。

他也常常告誡我：人都有犯錯誤的時候，不要因為哪個員工犯了一次錯誤便把他看「扁」了。

可是，我卻在無意中發現了一個這樣的怪現象：一些和嚴總談過三次以上話的員工，見到嚴總就像老鼠見到貓一樣地躲著他。特別是和嚴總談話次數越多的員工，心中的反叛心理也就越強，個別多次和嚴總談過話的員工，甚至明裡暗裡有意地和嚴總對著幹。

更讓我困惑的是，隨著時間的推移，員工的流失率也越來越高，尤其是那些公司的核心員工，很不穩定。

為此，嚴總也常常對我發出無奈的感歎：現在的員工好像連起碼的「好」和「歹」都分不清了！

為什麼嚴總的「好心」，卻得不到員工的好報？

對此，我和嚴總一樣感到困惑。

目標離我越來越遠

其實，我的困惑和嚴總不同。

每天沒完沒了地尋找問題，每天又沒頭沒腦地去解決問題。我漸漸地感覺到，這樣下去，我為自己設定的目標也會離我越來越遠。

嚴總的管理特點，就是把問題作為管理的核心和出發點。他每天工作的中心就是發現問題，防範問題，解決問題。問題也成了他取捨一切的標準。

原本我想透過嚴總的傳、幫、帶，使自己能夠學到許多夠強的管理本領，為自己目標的實現積聚經驗和能力。但進公司幾年了，我所看到的和聽到的，除了問題還是問題，要不就是員工私下裡的抱怨。我開始懷疑嚴總的這一以問題為出發點的管理理念，感覺到這一理念難以給公司的管理帶來什麼好的效果。

進入公司第三個年頭後，我的心裡終於湧出了要離開這個公司的念頭，我想去尋找一種全新的管理理念，尋找一個能夠真正地引導自己走向成功的經理人。

說實話，我不想讓自己也成為一個「警察式」的經理人。

尋覓之旅

企業管理究竟有沒有祕訣？如果有，它又到底在哪裡？

我決定要盡一切努力去尋找一種全新的管理理念和方法。

在我的心目中，這個全新的管理理念和方法，就是既能讓管理者管理得輕鬆有效，又能讓被管理者有充分發揮自己能力的空間，而且能夠讓員工們快樂健康地成長。

於是，我離開了原來的公司，開始了從東到南，又從西到北的尋覓之旅。

這其中，我用了近三年的時間，去了很多的公司，在我尋找的過程中，我遇到了很多個不同風格的經理人：有的開明，有的強勢；有的精於產品和市場的規劃，有的長於技術與生產的管理，有的善於制度及文化的建設等。

雖然他們的風格各異，但細細地比較一下，又好像都有一個共同的特點，那就是對於問題的敏感性。在他們的心目中，發現問題，解決問題，是企業管理中的不二法門。問題在他們的心目中，占去了最大的位子。

這很顯然也不是我所想要的。

我困惑，但我不願意放棄。我相信這個世界上一定會有一種全新而有效的管理理念。

正當我感到十分困惑的時候，我的一個朋友從遠方給我打來了電話，朋友告訴我，他公司的總經理是一個非常獨特的經理人，大家都稱他為「優勢型經理人」。他的管理理念不但新，而且全公司上下都很喜歡他的管理理念和管理方法。

朋友熱情地邀請我去他工作的公司看看。

我的感悟

把自己當成警察，這是傳統型經理人最大的誤區。他們的特徵是：一切以問題為出發點，整天忙於發現問題，解決問題，而忽視了人性中最大的優勢，即人人都有優點。

管理者也是人，他也有缺點，把自己當成「警察」，就是以自己的「大」缺點去管理員工的「小」缺點，我們的管理就這樣進入了一個沒有出口的巷弄。無論你走了多遠，卻總也走不出這個巷弄。

我認為：走出巷弄的辦法，就是把管理的焦點對準員工的優點。

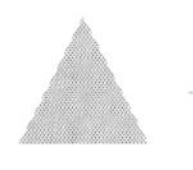

S W

第二章　尋覓優勢型經理人

O T

「拜師學藝」

今天的陽光特別地溫和，藍藍的天空中，幾朵白雲正悠閒地飄移著。在朋友的引薦下，我如願地進入了我朋友所在的公司。

優勢型經理人非常熱情地接待了我。

「我知道你是一個很有進取心的年輕人，聽你朋友介紹，你一直試圖在尋找一種新的管理理念和方法，是嗎？」優勢型經理人用他的那一雙慈愛的目光看著我，我感覺到一種從未有過的暖流流進我的心房。

優勢型經理人給我的第一印象是，這是一個和藹而又熱情的人，他的眼神永遠是那樣地和善與睿智，有一種激勵的力量。

「是的，我希望尋找到一種嶄新的優秀管理理念，我希望透過這樣的一種管理理念使自己成為一名優秀的職業經理人。」

我望著優勢型經理人那和藹的笑容：「我從我朋友那裡知道你的管理理念和方法

非常有效，並且深得人心。我是特意來向你拜師學藝的。」

「我看得出，你不但是一個有理想，而且還是一個有思想的年輕人。你就留下來做我的助理吧！」

我非常愉快地接受了優勢型經理人的邀請，成了他的助理。

為何大家都充滿了激情？

因為時間還早，優勢型經理人叫我的朋友帶我到公司各部門去走走。

我在朋友的帶領下，去了公司的總經理辦公室、業務部、技術部等部門。給我印象最深的是，所到之處，我都被一種激情所感染。

我看得出，每一個團隊成員的激情都是發自內心的。

我的朋友告訴我，公司裡的每一個員工都是各具優點的「高手」，他們各有所長，在各自的職位上都是一個出色的員工。

「這和我之前所到的企業不一樣，公司的每一個員工好像都是一個難得的人才。」我的感慨也是發自內心的，「優勢型經理人是用什麼辦法聚集了那麼多的人才？」

「準確一點說，應該是優勢型經理人發現了那麼多的人才。」我的朋友糾正了我的說法。

「發現和聚集有什麼區別嗎？」我問我的朋友。

「你以後慢慢就會知道的。」我的朋友故作神祕，但我看得出，他對優勢型經理人是從內心中佩服的。

我的第一項工作：尋找優點

上班的第一天，我早早地來到辦公室，我希望能夠對優勢型經理人的管理理念和方法作一個全方位的觀察，以便能及時地發現和掌握優勢型經理人的管理祕訣。

早上八點鐘，優勢型經理人準時地出現在他的辦公室。

優勢型經理人的辦公室，面積不大，但非常乾淨整潔。牆上的幾幅國畫作品，意境深遠，顯示出主人深厚的文化和藝術素養。

優勢型經理人，中等身材，一雙炯炯有神的眼睛，和藹慈祥的笑容，時時給人一種溫馨的感覺。

「你知道我為什麼留你在我的身邊工作嗎？」優勢型經理人一見到我便微笑著問我。

優勢型經理人為什麼留我在他的身邊工作？對於這個問題，我的確還沒有一個明確的答案。

「不好意思，還得請你指教。」我有一些靦腆。

「我發現你有一個難得的優點，那就是執著，遇事有一種不達目的不甘休的精神。做企業就要有這種精神。」

我不得不承認，優勢型經理人看人的眼光是非常敏銳的。

「那我的第一項工作是什麼？」我心情急切地問。

「去尋找優點，員工的優點。」優勢型經理人非常乾脆地說。

「去找優點？」我有點丈二和尚摸不著頭腦。

「對！」優勢型經理人的回答十分肯定。

說實話，這是我進入社會以來所接受的第一項出乎我意料的工作。

小馬的變化讓我感到震驚

走出優勢型經理人的辦公室，我便匆匆地來到我的新辦公室。我知道我今天的工作就是去尋找優點，員工的優點。

我努力讓自己的心情平靜下來，儘量用冷靜和公平的目光去看待每一位員工。

俗話說：「不說不知道，一說嚇一跳。」從來就沒有這麼認真地去尋找過員工的優點的我，還真不知道從何處入手。

同事們都知道我是剛來不久的新同事，但因為我是優勢型經理人的助理，所以對我也就非常的客氣和謹慎。

透過暗暗地觀察，我忽然發現，有一個坐在辦公室右角邊的員工，很無所謂地瞟了我一眼，然後若無其事地喝著他的茶。在他的眼裡，我好像只是一個透明的物體。

聽總經理辦公室的李秘書介紹，這位同事姓馬，新來公司不久，比較調皮，不大服管教。他目前的工作職務是公司總經理辦公室的文案，負責撰寫公司裡的各種文案資料，但他撰寫出的資料品質都很不錯。

我特意來到小馬的辦公室桌前，很友好地和他打了一聲招呼：「小馬，你好！」

「你好！」小馬的回答好像有點冷冰冰的。

「我看過你撰寫的資料，寫得真的不錯。」

「是嗎？」小馬的聲音溫度有點回升。

「是的。你撰寫的資料不但文筆優美，而且很有想法，對公司的情況也很熟悉。」

我儘量表現出客觀冷靜的樣子。

他趕緊起身給我讓坐，我輕輕地按住了他的肩膀：「公司有你這樣的人才真的很好。」

第二天一早，李秘書對我說，小馬像換了一個人。

對於小馬的變化，我的確感到很驚訝，原來，一個小小的優點的發現也能改變一個人。

我決定立刻去找優勢型經理人請教。

為什麼要去尋找優點？

「工作需要的是人的優點。」優勢型經理人好像看透了我的心思。

和嚴總不同的是，優勢型經理人的一切工作都是以人的優點為出發點。他每天的工作核心就是：發現員工的優點，培育企業的優勢。在他的工作日誌中，記滿了員工的優點，即使是那些還只是剛剛萌芽的優點，他也從不放過。公司的員工也贈給他一個雅號：「優勢型經理人」。

優勢型經理人看我好像一時還沒有理解，便招呼我坐下來：「每一個企業都有它的優勢，每一個員工都有他的長處，經理人管理的效能，在相當程度上就取決於經理人發掘員工和企業優勢的能力和效果。」他微笑地對我說，「一個卓有成效的經理人，一定是一個善於尋找優點的人」。

優勢型經理人的話，我是非常認同的。我暗自慶幸自己找到了夢想中的經理人。「一個企業的優勢主要表現為人才的優勢，誰把握住了人才的優勢，誰就敲開了企業管理的大門。」優勢型經理人用和藹的眼光看著我。

的確，人才是企業最核心的競爭力，是企業的第一資源，這一理念早已被大家所認同。「人才優勢從何而來？」我問。

「是從經理人敏銳的觀察和辛勤的發掘中得來的。」優勢型經理人回答道，「優勢本來就存在於每一個員工的身上，只要經理人願意去尋找就能找到。」

每一個員工的身上都有優點，只要經理人仔細地去觀察，都能找到我們工作中所需要的優點和所需要的人才。就像小馬，他雖然不大服管，但他寫的企業資料卻很具特色。這不正是公司所需要的特殊的人才嗎？

「企業不是缺少人才，而是缺少發現。我們很多的企業背靠著人才卻視若無睹，白白地浪費了人才的資源。」我忽然想起了我過去做人力資源主管時的困惑。

「經理人不應該只知道企業『缺少什麼』，更應該知道企業『有什麼』，他對企業的人才資源應有清楚的了解。」優勢型經理人說。

「比如，那些取得了突出成績，已獲得良好評價的員工已經顯示出自己的優勢，是企業的出色人才，經理人很容易找到，而那些大量的默默地辛勤工作的員工，同樣具備自己的優勢，只是沒有遇到機會，或者是自己沒有意識到，而使他們的優勢無法顯露出來。經理人要毫不吝惜自己的時間和精力，付出艱苦的努力，去尋找和挖掘。」

優勢型經理人看著我，語氣堅定地說：「努力的報償將是巨大的，一群普通的員工將變成一群出色的企業人才。」

優勢型經理人的一席話，使我的心扉忽然洞開。

我的感悟

企業不是缺少人才，而是缺少發現。只要管理者用心地去發現和培育，企業裡就有用不完的人才。

發現人才的方法，其實很簡單，就是用心去找出每一個員工身上的優點，不論這個優點有多大，也不論這個優點已經成熟還是剛剛萌芽。

每一個員工的身上都有優點，把他們身上的優點發揮出來，每一個員工都是企業的人才。

這就是優勢型經理人的管理祕訣。

第三章　優勢型經理人素描

優勢型經理人的三個特徵

走出優勢型經理人的辦公室，我的心忽然像那一片藍色的天空，蔚藍而又自信。經過和優勢型經理人的一番談話，我決定主動出擊。為此，我制訂了一個周密的訪談計畫，以便能全面細緻地了解和掌握優勢型經理人的優勢管理的理念和方法。

第二天一早，在那一絲習習的晨風中，我便敲開了優勢型經理人祕書的辦公室大門。

「我知道你是針對優勢型經理人為什麼要你去尋找優點這個問題而來的。」劉祕書開門見山，一語破的。

「劉祕書的眼光真敏銳啊！」劉祕書的熱情，讓我感受到一種從未有過的感動。

「不是我的眼光敏銳，這是優勢型經理人管理的精華所在，每一個了解他管理特點的人，都對其有很濃厚的興趣。我這個總經理祕書還能不知道？」劉祕書的語氣中流露出一絲自豪之情。

劉祕書知道我剛來公司不久，微笑著說：「優勢型經理人管理的特點就是以員工的優點為出發點，透過發現和發揮員工的優點，激勵員工朝著有利於發展個人優勢的目標前進，並由此達到企業的整體目標。」

劉祕書頗有興致地對我說：「我們通常把經理人的管理風格劃分為三種類型，即民主型、獨裁型和放任型，但這三種類型都不足以表達運用優勢導向管理企業的經理人的特點。因此，我們把以優勢導向為管理宗旨，以激勵為主要管理手段的經理人稱為『優勢型經理人』，因為他有別於以上三種類型的經理人。」

劉祕書告訴我：「優勢型經理人有三個明顯的特徵，即有明確的目標、樂於發掘優勢和主動出擊等。」

我正要向他請教時，他卻遞給了我一張寫有三個人名字的紙條：「具體的情況你去向他們請教，他們比我有更深的體會。」

在劉祕書的身上，我隱隱地感覺到優勢型經理人管理的魅力了。

特徵一：目標明確

按照劉祕書給我的名單，我首先找到了總經理辦公室的李主秘。

李主秘的辦公室，就在優勢型經理人辦公室的外面，寬敞而又明亮。相對於優勢型經理人的辦公室來說，這裡更顯得寬鬆大氣。

李主秘明白我的來意後，他示意我坐下來慢慢聊：「優勢型經理人的第一個特徵，就是目標清晰，他做什麼事都有一個明確的目標，從不做沒準備之事。」

「他知道自己要幹什麼，員工該怎樣成長，企業要如何發展，他引導企業向著一個明確的目標，一步一步腳踏實地地前進。」很顯然，李主秘對優勢型經理人的了解不一般，「他從不要求員工去做任何目標不明確的事情」。

「那他每天的工作忙嗎？」我知道有目標的人每天的工作是很充實的。

「他每天都生活得很充實。但與那些整天忙忙碌碌卻毫無建樹的經理人絕不相同，他也很忙，但他忙得很愉快，因為他知道自己為什麼而忙，他所幹的每一件事，都是為了實現那個目標而作出的努力。」

為目標而忙，忙得愉快，這一點我是認同的。

「他也知道應該怎樣忙才能有效地抓住員工的優點實施導向，激勵所有的人去追求成功，達成目標。」

話語中透露出李主秘對優勢型經理人的敬仰之情。

當我想再問他優勢型經理人的第二個管理特徵時，李主秘對我微微地笑了一下：「你去問問人力資源部的陳經理，他會給你一個滿意的答案的。」

特徵二：樂於發掘優勢

接著，我來到人力資源部，找到了陳經理。

陳經理的興致很高：「作為一名優勢型經理人，他的第二個特徵，就是樂於發掘員工的優點。」

「優勢型經理人善於發現員工的優點。」陳經理的話一下就引起了我的極大興趣。

想到嚴總總是把目光盯在員工的缺點上，我就從內心裡欽佩優勢型經理人。

「他知道員工需要什麼，知道他們想幹什麼；既了解每個員工的優點，也知道他們的不足。」作為人力資源主管的陳經理，對優勢型經理人的優勢管理瞭若指掌。

「優勢型經理人精通企業經營，是個內行，善於高屋建瓴地把握企業的發展方向。」陳經理看到我全神貫注的樣子，興致也越來越高，「這都是因為他是一個樂於發掘優勢的經理人，他考慮問題的前提總是著眼於員工的優點，著眼於企業的優勢」。

「企業有什麼優勢？員工有什麼優點？他不僅耳熟能詳，而且，還不斷地用心去發現。並根據這些優勢的特徵進行管理決策，確定公司的經營目標，開展優勢導向。」

我完全被陳經理帶入到一個全新的境界了，在這個境界裡，我看到的是充滿優點的員工。

「他帶著極大的熱情和耐心，追蹤著員工和企業優勢的變化，不斷發掘著員工和企業新的優勢。他確信沒有不具優點的員工，也知道員工不是超人，他在發掘優勢中給員工和企業都勾勒出了一條可見可感的發展軌跡。」

聯想起我初次和優勢型經理人見面時，他囑咐我朋友帶我在公司內部走走時看到的情景：每一個員工主動、熱情的工作態度，我深深感覺到優勢型經理人的管理魅力。

正當我準備細問陳經理時，陳經理卻建議我再去和業務部的蘇經理談談。

我離開陳經理，步履如風地來到蘇經理的辦公室。

特徵三：主動出擊

「我知道你已經和李主秘、陳經理談過了。」聽蘇經理的口氣，他一定還掌握著優勢型經理人的另一個祕訣。

蘇經理是業務部的經理，和優勢型經理人的交流比較多。

「優勢型經理人不但管理的理念新，而且還是一個主動出擊型的經理人。他的第三個特徵，就是主動出擊。」

這一點我也深有體會，雖然我和優勢型經理人相處的時間只有幾天，但他那雷厲風行的行事風格卻給我留下了非常深刻的印象。

「與其被動等待不如主動出擊，這是優秀的經理人的行動風格的優勢選擇。」這是優勢型經理人第一天和我說的一句話。

「主動出擊的內涵有兩個：一是積極主動地去發現員工的優點，而不是被動地等待員工優點的出現；二是對企業管理的敏感反應，是超前的意識，而不是事後的感悟。」看來蘇經理對優勢型經理人也是非常了解的。

「經理人對優勢的把握有助於準確判斷形勢，認清事物的主次，問題的輕重，從而決定採取相應的行動。因此，優勢型經理人的主動出擊，就是駕馭企業的優勢，有效地控制企業的發展進程。

「他主動出擊，但並不盲目行動，因為明確的目標制約著他的行動，使他不至於偏離既定的軌跡，迷失方向。」蘇經理的每一句話，都在我的心中激起了一個不小的波瀾。

據我在和優勢型經理人短短的相處中了解，優勢型經理人不但自己會主動去發現員工的優點，而且要求公司管理團隊的所有人員，都必須主動地去發現員工和企業的優勢。他把這個要求作為管理人員考核的第一指標。

聽完蘇經理的介紹，我知道，優勢型經理人的主動出擊，就是能夠預測事物的發展趨勢，因而行動帶有一定的超前性，這包括預防不良現象的產生和率先開展帶有創新意識的工作。

「主動出擊，在一定意義上是比別人先走一步。」我認為我的認識是準確的。而這一步的主要內涵就是：比別人更早地發現員工的優點和企業的優勢。

優勢型經理人與傳統經理人的區別

走訪完三位經理人之後，我對優勢型經理人的特徵有了一個初步的印象。在我的印象中，優勢型經理人和傳統的經理人有一個明顯的區別，那就是對員工的取捨標準。

傳統的經理人大多是以缺點來取捨員工，他們每天用大量的時間和精力來發現和防範員工的缺點。

優勢型經理人則是以優點來取捨和培育員工，他每天也要花去大量的時間和精力，但卻是用來發現和培育員工的優點。

我把這個區別，作為一個重要的發現，記在了我的工作日誌上。

我的感悟

目標明確，樂於發掘員工的優勢，凡事主動出擊，是優勢型經理人的三大特徵，其中最主要的是優勢型經理人樂於發掘員工的優點。

企業是和員工一起成長的，企業成長的前提是運用好企業的優勢，員工成長的基礎是發揮好員工的優點，員工成長了，企業也就發展了。

而這一切，靠的是經理人的主動出擊。

S W

第四章　優勢型經理人——一種全新的形象

O T

「專家型」員工如是說

為了進一步地了解優勢型經理人的管理理念和方法，我決定走訪一下公司的「企劃天才」小王，他是公司裡研究優勢導向的一個「專家型」員工。

當我敲開小王辦公室的大門後，小王好像早有準備。他微笑著對我說：「我知道你一定會來的，是來了解優勢型經理人，對嗎？」

「是的，我有一個問題想向你請教。」我很客氣地對小王說。

「不用客氣，有問題儘管問，我會盡我的能力回答你的。」小王真是快人快語。

「經過幾天的了解，我對優勢型經理人和傳統型經理人的區別有了一個初步的了解，你能否給我一個詳細和清晰的解答呢？」

「可以。」小王非常爽快地答應了我的要求。

「在目前的經理人團隊中，有兩類特點比較突出的經理人。一類是被稱作較為『開明』的經理人。這類經理人，能比較充分地尊重員工的工作狀況，能在一定程度上和員工交朋友，但他們往往把工作的重心和注意力放在對員工的缺點和不足的引導與補救之中。因而，他們的工作方法也就是：當員工出現失誤或工作停滯不前的時候，及時地幫助員工尋找原因，引導他們改正錯誤，以『愉快』的心情投入工作。」

小王的回答非常專業。

「另一類經理人，則被稱作平庸或者說無能的經理人。他們的工作似乎就是尋找員工的錯誤和不足，然後予以批評或懲罰，以迫使員工服從他們的旨意，從而維持企業經營的正常開展。」

「我的第一個經理人就很『開明』，但管理的效果卻並不怎麼好。」我插了一句。

「是的，這兩類經理人都不可能為企業經營的發展帶來什麼突破性的績效。第一類經理人，或許能在某種程度上或在相對的一段時間內獲取管理的成功，但這種成功是脆弱的，也是短暫的。因為，他們的工作無異於亡羊補牢，永遠走在員工成長的背後。員工雖然改正了錯誤，但在多次的重複之後，心理和感情上的隔閡感是不可避免的，甚至對經理人採取敬而遠之的態度，使經理人與員工之間的心理無法相融。而第二類經理人，則除了將不斷地強化員工的反叛心理之外，其餘幾乎不可能會有任何的收穫。」

小王的回答使我深受啟發。

小張案例的啟示

小王怕我一時還不理解，便給我講了小張的故事：

小張是小王的同學，他們一起出來工作。小王進了優勢型經理人的企業，而小張則進了另外一個企業。

小張是一個非常好學、富有激情的青年，到企業後，因為工作不錯，不久就被調到總裁辦公室工作。有一段時間，因為小張的感情問題分散了他的精力，工作中出現了一些小問題。公司的總經理便熱情地找他談心。用小張的話說，他的總經理就像自己的兄弟一樣，和他促膝談心，使他不但很快認識到自己的錯誤，而且也很快地改正了自己的錯誤。在小張的心目中，他的總經理是一個非常開明的老闆。

然而，沒過多久，小張因為對總經理交代的工作理解不足，工作的績效不高。他的總經理又一次熱情地找他談心，令小張很是感動。此後，每當小張工作中出現什麼問題，或是工作停滯不前，總經理也總是非常熱情地找他談心。

但經過多次談話後，小張開始慢慢地有點害怕見到他的總經理了，因為，只要總經理一來找他，肯定又是他的工作出了問題。發展到後來，小張遠遠地見到他的總經理，就本能地繞道而走。

從此，小張認為自己在總經理的心目中滿是缺點，開始對前程失去希望，因為，當他在取得了一些成績的時候，他的總經理卻無影無蹤。於是，他心中的反叛心理也越來越明顯。最後，他離開了他的公司。

這個故事告訴我們：不管你用什麼樣的態度去對待員工的問題，只要你的目光緊盯的是員工的缺點，問題就無法解決，甚至會把小問題變成大問題。

優勢型經理人是一種全新的形象

「優勢型經理人，便有別於這兩類經理人，是一種全新的經理人形象。優勢型經理人的工作重心和目光，緊緊盯著的是員工的優點。」

小王對優勢型經理人管理理念的了解，可以說出乎我的意料。

「每一位員工都有他的優點，當然，他不可避免地存在著某種缺點或不足。經理人對員工的管理，是側重於以優點來取捨人，還是側重於以缺點來取捨人，其結果是差之千里的。工作需要的是員工的優點，員工自身的成長與發展也是建立在員工自身的優點的成長與發展的基礎之上的。」

我發現，說著說著，小王好像進入了一種忘我的境界。

「假如我們的經理人能把管理工作的重心與注意力放在員工的優點上，引導他們不斷地發現自己的優點，幫助他們不斷地強化和發揮自己的優點，並使其成為員工成長的優勢，那麼，員工的優點將日益成長，而阻礙員工成長的問題和不足，也將逐漸地削弱，甚至消失。一個積極的員工形象也將從此誕生。更重要的是，經理人與員工之間，將產生強烈的心理認同感。」

聽著小王的介紹，我越來越覺得小王就像是一個優勢型經理人一樣。

「假如我們的經理人老是用嚴厲的目光緊盯著員工的不足與缺點，儘管經理人使盡渾身的解數以抑制員工劣勢的滋生，其結果也仍然是無濟於事的，員工的劣勢依舊會膨脹，使經理人處於十分尷尬的境地。」

說到這裡，小王看了我一眼，聲音提高了八度：「優勢型經理人最有效的方法就是激勵。」

對於激勵，我的體會是比較深的。

優勢型經理人的激勵觀

在我和優勢型經理人相處的短短數天裡，我聽優勢型經理人說得最多，也是他最喜歡使用的一個策略，就是「激勵」。每當他看到員工的一點進步，或者發現員工的一點優點，優勢型經理人就會當即對這位員工予以激勵。

「激勵是不是優勢型經理人最常用的方法？」我問。

「的確如此。優勢型經理人最常用的方法就是激勵。」小王回答道，「激勵對於優勢型經理人來說，是貫穿管理全程的一個法寶。」

「在優勢型經理人的眼中，激勵是一種什麼樣的工具？」我問。

「優勢型經理人認為，激勵在員工取得成功之前是對他的優勢導向。」小王停頓了一下，「在工作的起始階段，它是一種期望，是經理人對員工的信任與認同；在工作的進程中，它是一種有效的動力，推動員工去努力達成目標；在工作取得成效時，它又是一種獎賞，是經理人對員工工作績效的肯定與鼓勵，又是對員工完成下一項工作的期望。」小王的回答使我大開眼界。

優勢型經理人認為，經理人的激勵，將伴隨著員工走向成功的每一步。

我的感悟

優勢型經理人是一種全新的形象：在於他完全擯棄了傳統型經理人一切以問題為出發點的傳統形象，代之以一切從員工的優點為出發點，變尋找問題為尋找優點，從「警察」還原為員工的良師益友。還在於他善用激勵，在激勵中發現和培育員工的優勢，使其成為推動員工成長的軟動力。

抓住了員工的優點，四兩就能撥動千斤。

S

O

T

第五章　優勢型經理人最重視的策略——優勢導向

優勢與優勢導向

經過幾天的走訪，使我對優勢型經理人的管理理念和方法有了一個新的理解，我發現，優勢型經理人的管理策略，正是他們所津津樂道的「優勢導向」。

正好，今天我陪優勢型經理人去探望一個客戶，我決定在路上跟他好好聊聊，以便能更深入地了解優勢型經理人的管理理念。

又是一個陽光普照的好日子，我們的車快速地行駛在高速公路上，我感到一種花開般的喜悅，在心靈裡慢慢地綻放著。

「這幾天我和公司的幾位管理人員認真地聊了一下，我感到很受啟發。如果我們的經理人都能用心地去發現和培育員工的優點，我們的管理效率就會有效得多。」

優勢型經理人微笑著點了點頭：「光用心去發現和培育員工的優點還不夠，我們還要注意把員工的優點變成一種『勢』，使其成為推動員工前進的一種動力，成為企業發展的一種優勢。優點和優勢，一字之差，區別是很大的。」

的確，在我和優勢型經理人相處的這些時間裡，我發現，他和很多傳統型的經理人相比，還有一個很大的區別，就是優勢型經理人從不把員工的優點孤立起來看，他總是把員工的優點和員工的成長及企業的發展聯繫在一起，使員工每一個優點的發現和發揮都成為推動員工成長和企業發展的動力。

「我把這種管理方法稱為『優勢導向』。」優勢型經理人拍了拍我的肩膀，「想了解『優勢導向』嗎？」

「太想了！」我突然感到自己很激動。

優勢型經理人滿意地點了點頭：「優勢導向，就是透過對員工優點的管理，激勵員工朝著有利於發展個人優勢的目標前進，並由此達到企業整體目標的一門企業管理藝術。」

優勢型經理人深深地吸了一口氣，神色嚴峻地說：「一個企業，最主要的資源就是人力資源。隨著經濟的發展，企業人力資源的問題必將推到企業發展的首位，成為不僅現在，也是將來企業家們面臨的最為困擾的一個難題。人才的缺乏，員工素質的不足，將使企業管理者陷入被動、窘迫的局面。」

「『優勢導向』就是一項探討如何有效開發和利用人才的新型的企業管理藝術。」

優勢型經理人說。

我的內心忽然與優勢型經理人產生了一種共鳴。是啊，現在的企業，如果沒有人才的優勢，一切都將成為空談。

近朱者赤。和優勢型經理人在一起，我時時會有一種全新的感悟。

優勢確認的標準與方法

「實施優勢導向，首先要注意的是什麼？」我問。

「優勢導向，首先就要進行優勢的確認。」旅途的疲勞並沒有減弱優勢型經理人的談話興致，他的話匣子一打開便滔滔不絕。

「我曾經和你說過，每一個企業都有它的優勢，每一個員工都有他的優點，優勢型經理人的目標就是要做那個善於尋找優勢的人。」

優勢型經理人停頓了一下，繼續說道：「企業的人才優勢，指的是一個企業的員工普遍素質高，工作富有創新精神，工作認真負責，樂於團結合作，共同促進企業的發展。或者說，在和諧的心理氛圍中，每個員工都充分發揮了自己的獨特才能，企業的『人才優勢』就形成了。」

「那麼，我們又是根據什麼標準來確認人才的『優勢』呢？」我迫不及待地問。

「首先，我們要確認每個員工的『優勢基礎』。優勢是人進步的基礎，它包含一個人的素質、特長、興趣和經驗等，也就是一個人出色的一面。每個人或多或少都有自己的優勢。比如，有的員工溝通能力很強，有的做企劃工作得心應手，有的搞促銷活動很有辦法，有的在技術創新上頗具功力，等等，這些都是員工個人的『優勢基礎』，有了這個基礎，他就可以不斷發展自己、豐富自己，最終成為出色的人才。所以，從優勢的角度來審視，每一個員工都是企業的一個人才。」

「我知道，一個人的優勢基礎是非常重要的。而這個基礎，我們每一個員工都具有，只是程度不同而已。」優勢型經理人回答道。

「每一個員工都有他的優勢基礎。這個觀點真的很好！」我感歎地說。

「其次，要根據工作要求確認優勢。」優勢型經理人沉浸在他的話語中，「不同的工作要求使用不同特長的員工，有些員工做這項工作是庸才，做另一項工作卻是出色的人才。比如，在一個團隊裡，各種人才濟濟一堂，許多員工在某個領域內都有自己一定的成就。如果要選一個部門經理，就得根據這個部門經理與工作性質來選擇，他應該是一個善於宣傳、鼓動，長於組織工作，並具有較全面的經營管理經驗的人，即使他沒有在哪個領域取得突出成就。而一個在某方面有所建樹，卻拙於管理的人，就不適合擔任這個工作，因為就『部門經理』這個工作而言，他的優勢就不如前者。所以，不同的工作需要具有不同優勢的人才，根據工作要求來確認優勢，就是把合適的員工安排在合適的位置上。」

「根據不同的工作要求來確立員工的優勢基礎，這樣就能人盡其用。」我說。

「第三，就是要根據企業目標來確認優勢。每年，或每季度，企業都會制定一些新的目標，與員工密切相關的，是那些經營管理方面的目標。從企業整體的經營管理上來說，每個員工都有義務參與到實施經營管理的工作中去，但具體哪個員工適合參與實施哪個目標，就要根據他所具備的『優勢基礎』來判斷。即把一個員工的素質、才能和過去的成功經驗綜合起來考查，以確認他在實現哪個目標時最具優勢。」

優勢型經理人的思路清晰而富有條理，深深地吸引著我。

民間有一種說法，就是：「在一名能工巧匠的手中，無不可用之材。」的確，在和優勢型經理人的相處中，我深深地感到：在一名優秀的經理人的屬下，也沒有不具優勢的員工。

晚上，我在自己的工作日誌中記下了這樣一段話：「一個企業的發展是建立在它的優勢基礎上的，一個員工的成功也是建立在他自身的優勢基礎上的。尋找優勢，就是找出企業管理中最有效的路徑。經理人應該經常問自己：還有哪個員工的優勢沒有發掘出來。」

看來，我的努力沒有白費。那一個晚上，我怎麼也睡不著，優勢型經理人的話語，在我的耳畔久久地迴旋著。

優勢的導向

「優勢確立後，我們就應該迅速地對其優勢進行導向，讓其成為推動員工成長和企業發展的有效動力。」我索性不睡，第一次敲開了小王宿舍的大門。

小王非常客氣地對我說：「在對企業的優勢基礎進行確認後，怎樣發揮這些優勢來推動企業的經營工作，就是對優勢的導向問題。」

「所謂『優勢導向』，我們是不是可以這樣來定義它：優勢導向就是發掘員工的優點，激勵員工朝著有利於發展個人優勢的目標前進的一門管理藝術？」我試探著問小王。

「非常正確。」小王對我的理解非常讚賞，「它包括兩方面的含義：一是透過員工優點的管理促進員工工作的進步；二是透過對企業優勢部分的強化，來管理企業事務，逐漸減少劣勢，推動企業的發展。」

小王拿出他新近寫在一張便箋上的一份手稿，上面這樣寫道：「一個人在自己的優勢方面是容易求得發展的，優勢是走向成功的最短的距離，在優勢基礎上開展工作是力所能及的，甚至是卓有成效的。優勢導向就是緊緊抓住員工的優勢基礎，為他發揮自己的優勢創造機會，即根據每個人的優勢基礎確定各自的工作目標，讓員工順著優勢的方向發展。」

在一個那麼深的夜晚，我望著小王那真誠的笑容，忽然感覺到自己也在逐漸地成熟著。

我的感悟

透過對員工優點的管理，促進員工的進步，透過對企業優勢的發揮，推動企業的發展。

每一個員工都有他的優勢基礎，經理人的工作，就是根據不同的工作要求發現和確立員工不同的優勢基礎，並根據企業的發展目標來確立員工不同的優勢方向，使員工和企業都運行在自身的優勢軌跡上。

運行在自身優勢軌跡上的員工一定是優秀的員工，同樣，運行在自身優勢軌跡上的企業，也一定是優秀的企業。

S

第六章　優勢型經理人最有效的權力——激勵權

O

T

經理人的五種權力

從小王的宿舍回來後，我對優勢型經理人有了一種更深的認同感。但我知道，我對優勢型經理人的了解，隨著我和公司的幾個經理的交流而感到不足。我決定再去向優勢型經理人請教。

第二天一早，我再次來到優勢型經理人的辦公室，就優勢導向的相關問題進行討教。

「在優勢導向中，經理人最有效的權力是什麼？」我問優勢型經理人。

「是激勵權。」優勢型經理人的回答非常乾脆。

「激勵權？」這是一個很新鮮的說法。

優勢型經理人拍了拍我的肩膀，笑了笑說：「一個經理人的權力結構大致有五個方面：

一、強制權——經理人下的行政命令，不服從可以懲罰；

二、法定權——規定經理人的權力範圍及職責，多大的職位就有多大的權力，也相應承擔多大的責任；

三、激勵權——它是對員工工作的認可與誘導，包括物質的獎勵和精神上的鼓勵以及對員工心理因素的良性導向；

四、專長權——用專業知識和才能贏得員工的尊重，所謂『專家』的特點，就是指發揮『專長權』，用專業技術知識管理企業；

五、個人影響權——經理人的品質、作風、個性等得到員工的心理認同。」

「這五項權利是不是每一個經理人都要同時具備和運用？」我問。

「這只是經理人所具備的五項權力，並不意味著要求每項權力都必須在企業管理同時運用，每一名經理人都會偏重於行使其中的某些權力，以這些權力為主要的管理方式，配合其他權力的運用，就產生了各種不同的管理效果。」優勢型經理人回答說。

「作為一個優勢型經理人，你最重視的是哪種權力？」我追問道。

「那當然是激勵權了。」優勢型經理人答道。

「那是為什麼呢？」我窮追不捨。

優勢型經理人沒有直接回答我的追問。

激勵是一種效力極大的權力

我是一個打破砂鍋問到底的人，優勢型經理人很了解我的這一特點。

優勢型經理人看了我一眼，笑呵呵地對我說：「我沒有看錯你那執著的韌性。」他停了片刻，又說：「好吧，我們今天就來討論一下經理人的激勵權。」

要和優勢型經理人討論「激勵權」的問題，我一下子來了精神。

「對於優勢型經理人而言，激勵是實施『優勢導向』的一種最有效的措施，優勢型經理人透過激勵來發現和培育員工的優點，因而，激勵也就成了優勢型經理人在管理中運用最多，也是最重要的一種權力。」優勢型經理人說。

「那我們該如何來理解這種權力?」我問。

「我們不能把企業管理藝術理解成一種『權力活動』或者『統治方式』,它應該是經理人對員工或下屬組織實施的一種心理影響過程,是引導員工發揮心理的優勢和能力的優勢,指向並達到企業目標的一個行動過程。實施這種影響,激勵是最有效的手段。」優勢型經理人說。

「可是,在企業管理的現實中,我們的經理人卻常常忽視了對這種權力的運用。」

「是的,激勵之所以受到忽視,其原因主要在於以往我們總是把激勵權誤認為僅僅是獎勵權,因而極大地削弱了激勵的功能。獎勵只是對員工工作績效的肯定,它的效力又常常因為獎勵形式的簡單而帶有侷限性,比如物質獎勵主要是發給獎金,精神獎勵主要是表揚。因此,獎勵權只在員工成功之後給予總結性評價時才發揮作用,失去了應有的『導向性功能』,變得單調而乏力。激勵的內涵則豐富得多,它不僅包括對工作結果的認可,更主要的是對員工工作起始的期望和工作過程的誘導。」

「對於優勢型經理人來說,激勵權意味著什麼?」我緊追不捨。

「激勵在優勢型經理人手中，是一種效力極大的權力，當員工受到的激勵是來自經理人時，員工受到心理影響的強烈程度大大超過了來自同事或親屬、朋友的激勵。優勢型經理人運用好激勵權，對員工而言，是一個巨大的心理動力源，是對工作的良性誘導和讚賞。」優勢型經理人說。

我望著窗外和煦的陽光，腦海裡久久地迴旋著優勢型經理人錚錚的話語。

激勵要注意階段性特徵

「激勵是透過對員工心理態度的積極影響，引導他以最佳的態勢進入工作，充分發揮自己的優勢，實現工作的目標。」優勢型經理人說，「實施激勵，要特別注意激勵的階段性特徵的運用。」

「願聞其詳。」我和優勢型經理人慢慢地產生了一種親近感。

「在工作的起始階段，經理人的激勵，應側重於為員工展開一個樂觀的前景，以信任為重點，對員工的能力和素質要抱有信心，這樣會對員工構成一種積極的壓力，並促使員工努力去實現這種期望。」優勢型經理人說。

「當工作進入進程之後，激勵的重點又如何把握？」我有些心急。

優勢型經理人有些慢條斯理：「是激勵員工去參與競爭，把個體員工帶入團隊奮進的氛圍裡，讓他在合作與競爭中接受挑戰，在競爭激勵下加倍勤勉地工作。」

對於優勢型經理人的每一句話，我都把它刻在腦海裡。

「在工作的進程中，激勵要側重於對員工工作方向的積極誘導，及時地激勵將使員工保持恆常的進步。」優勢型經理人補充道。

「那麼，在工作取得成效時，激勵又該如何運用？」我緊追不放。

「在工作取得成功後，激勵是一種獎賞，是一種總結。此時的激勵應側重於對新的工作的引導，使其能借助於上一階段工作業績的氣勢，以最佳的心態進入新的工作。」優勢型經理人回答道。

激勵權會導致新的向心力的產生

「一旦經理人把『激勵權』作為管理企業的主要手段，他的其他權力就具備了一種向心力，即以激勵權的運用為中心的向心力，經理人的權力結構也就產生了微妙的變化。」優勢型經理人很有感觸地說。

「具體來說，這種向心力會帶來什麼變化呢？」我問。

「一、『法定權』會得到有效的發揮。在行使激勵權時，經理人可以儘量發揮自己的許可權，有多大的許可權就有多大的激勵力量。」

「二、『強制權』的運用，因為是以激勵為目標，使經理人避免了陷入『獨裁』的局面，變得更樂於為下屬接受。」

「三、激勵創造了經理人與員工心理相融的局面，受到激勵的員工很自然會對經理人作出回報，欣賞他的管理才能和領導素質。此外，經理人的『專長權』和『個人影響權』，在這個過程中，也已經為員工甘願接受了。」

優勢型經理人語氣平和地解釋道。

經理人要自覺運用激勵權

「激勵權是不是每個經理人都應有的並且能夠運用的一種權力？」我問。

「是的，而且它還是一個絕非可有可無或者可用可不用的權力。」優勢型經理人語氣沉穩地說，「這樣說吧，一個極少運用激勵權的經理人與一名經常行使激勵權的經理人相比，兩人的管理才能是有高下之分的，管理效果也絕不相同。」

「那麼，作為一個經理人，應該如何對待激勵權？」

「經理人要自覺運用激勵權，千萬不要輕易忽視它，更不能在運用時縮小它的功能。換句話說，不要把激勵權的運用停留在拍拍員工的肩膀，對員工誇誇其談一番這個膚淺的層面上，而是要誠心誠意地支持員工的工作，幫助員工解決難題，為員工的進步提供各種機會，使激勵具有實際的內容，真正產生效力。」

優勢型經理人的話，看似平淡，實際上寓含著深刻的管理思想。

我的感悟

員工需要工作有意義，經理人有責任給員工的工作賦予意義。賦予員工工作意義的最佳方法，就是對員工進行有效的激勵。

既然企業中佔據最重要地位的是員工，那麼經理人最重要的權力就是激勵員工進步的權力。經理人要運用好手中的激勵權，最大限度地激勵員工的進步。

S

第七章　劣勢的導向

O

T

尊重人性的弱點

優勢導向也罷，有效運用激勵權也罷，這都是優勢型經理人針對員工的優勢而實施的管理策略。但員工也是人，是活生生的有血有肉的人，也就不可避免地存在這樣或那樣的問題和不足。優勢型經理人重視員工的優點，但也無法迴避員工的劣勢。

針對這個問題，我又一次來到優勢型經理人的辦公室。正在撰寫優勢日誌的他，合上日誌，笑呵呵地向我走來。

這是一個週末的下午，辦公室裡只有優勢型經理人還在忙碌著。我知道，這是優勢型經理人的工作習慣，他喜歡週末一個人在辦公室裡思考一些企業的問題。

「怎麼，又遇到什麼新問題了？」

「現實中，人不但具有優勢，也具有劣勢。對於員工的劣勢，我們該如何對待？」

優勢型經理人知道我是有備而來，語氣平和地說：「經理人看重人的優勢，表明容忍人的劣勢，但並不表示放鬆對劣勢的管理。實質上，劣勢導向也是優勢導向的一個有效的組成部分，是以對優勢的導向為前提對劣勢進行導向，或者說，在優勢導向中將劣勢轉化為優勢。一切劣勢都是暫時的，劣勢不過是優勢的前奏。」

優勢型經理人的一席話，讓我對優勢型經理人的優勢導向有了新的認識。

「每個人身上都有佔優勢的一面，也有處於劣勢的一面；同樣，在一個團隊中，有的優勢雄厚，有的不具備明顯的優勢；以一個公司的範圍來看，有的團隊有突出的優勢，有的團隊卻表現平庸。如果作一個優勢比較，彷彿是優少劣多，但經過一番尋找和發現優勢的工作後，劣勢的比例就會有所下降。」優勢型經理人繼續說道。

「對員工劣勢的導向，主要是導向什麼？」我問。

「如果說，對優勢的導向是對員工的心理優勢、能力優勢以及工作優勢的引導和發揮，那麼，對劣勢的導向就是對員工的心理劣勢、能力劣勢和工作劣勢的限制和轉化，它是優勢導向體系的一個有效補充。」優勢型經理人說。

「劣勢導向以什麼為原則？」我問。

「它以不放棄任何一個員工為原則，而實施具體的管理，以充分尊重人性的弱點為準則，進行建設性的導向，對員工的優勢導向和對員工的劣勢導向齊頭並進，相輔相成，共同構成了企業管理的優勢導向體系。」優勢型經理人回答。

「是啊！沒有誰是十全十美的，每個人都有自己的劣勢。與其被劣勢所拖累，不如全力發展優勢，在優勢的成長中削弱劣勢。」我感歎道。

管理人的劣勢和劣勢的人

「那麼，你認為該怎樣管理人的劣勢和劣勢的人呢？」我問。

「第一，不要因為期望過高而把員工當作無所不能的超人。一個人不可能永遠高效率地工作，環境的影響、條件的限制和來自本身的惰性等因素，都會構成工作的最大干擾。經理人要充分認識並尊重人性的弱點，容忍人的軟弱和一時的懶惰，寬容人的嫉妒和牢騷，並從中尋找到優勢導向的契機：人在暴露自己弱點的時候，往往是在向你發出『求救訊號』，這正是經理人施展才能的難得的機會。」

「從懶惰中看出困難，給予及時的幫助；從牢騷中聽出建議，給予有效的引導，建設性地對待人的心理劣勢，並且清楚地知道，劣勢並不代表他的全部形象，優勢是他的主要形象。劣勢不過是向優勢的一個過渡，尤其是心理的劣勢。」優勢型經理人飽含感情地說道。

從劣勢中看到優勢，這是優勢型經理人的一大特點。我非常認同地點了點頭。

「第二，限制劣勢的成長。當一個員工由於能力不足無法進步，或者一個團隊因為優勢薄弱而無法參與競爭，他們就會裹足不前，甚至出現倒退的趨勢。面對著其他團隊的員工都在奮力爭先，整個企業都行動起來的時候，他們將固守自己的劣勢而無所適從。別的團隊在進步，他們不能跟上進步的節奏，那就意味著在退步，企業發展不進則退，不存在『暫停休息』的狀態。」

「這種退步擴大了他們與優勢群體和個人的距離，劣勢在日益成長。這時要及時限制劣勢的成長，防止無休止地墮落，有效的辦法是：集合他們現存的微弱優勢，擬定一個適合他們能力的較易達到的目標，在取得一些微小的成功之後，引導他們跟上整體的進程。」

說到這裡，優勢型經理人拍了拍我的肩膀：「對於個別素質較差的員工，不能任其自然地落後，要逐步提出一些細緻的要求，促使他增強素養，提高能力，並且允許他有一段學習或自我訓練的時間，不急於要他去實施富有創新意義的工作，對於劣勢者的工作評價，不能著眼於他取得多大的成績，而主要看他是否在努力工作，發揮了自身的多大能量。」

說實話，我非常敬佩優勢型經理人的智慧與胸懷。

「第三，以發展優勢來削弱或轉化劣勢。就個人而言，在優勢基礎上追求成功，容易樹立起自信心，吸引他投入全部的才能和能力，能夠產生較大的幹勁。只要他在優勢方面取得一份成功，他的劣勢也就削弱了一份，當一個人的優勢多了，他的劣勢也就少了。就團隊而言，要把個人納入團隊的優勢軌跡，讓他參與到其他的工作中去，與團隊中優勢雄厚的人組合在一個目標小組內，讓他分享別人的優勢，在別人的優勢引導下，轉化自我的劣勢。與團隊共同進步，暫時的劣勢就會變成漸增的優勢。」優勢型經理人說。

我相信，這一個週末，在我的人生軌跡上一定會刻下重重的一筆。

我的感悟

每一個員工都有他的優勢，每一個員工也都不可避免地存在著缺點和不足。劣勢的導向，就是對每一個員工的缺點與不足進行科學的引導，使其轉化成為員工的優勢，從而減少員工的劣勢，增強員工的優勢。

從劣勢中看到優勢，這是優勢型經理人的一大特點。

第七章　劣勢的導向

S W O T

第八章　工作需要的是人的優點——優勢激發原則

新的尋覓

經過和優勢型經理人一段時間的交流之後，我對優勢型經理人管理的基本理念有了深一步的了解：優勢型經理人的一切工作的出發點，是員工的優點和企業的優勢；他的工作方法就是尋找優點，培育優點，進行優勢導向；他最有效也是最常運用的管理權，就是激勵。這是一種全新的管理理念，是真正意義上的人本管理思想。我暗自慶幸自己終於找到了心儀已久的優秀的經理人。

就在我自以為了解了優勢型經理人的管理思想時，公司的劉祕書卻提醒我：「如果你想真正把握優勢型經理人管理理念的精髓，我建議你再去和優勢型經理人深入談談。在優勢型經理人的優勢管理體系中，可以說，由他親自建立的優勢導向的五個原則，是優勢型經理人管理思想的精髓。我相信會帶給你更多的感受。」

這一次，我決定把向優勢型經理人請教的重點，鎖定在優勢導向的五個原則上。

兩組廣告的啟示

說來也巧，正當我想找優勢型經理人時，優勢型經理人卻主動找我去他辦公室聊聊。

當我來到優勢型經理人的辦公室時，他正對著桌子上的幾幅廣告圖深思。「我們先來看看這兩組廣告。」我還沒有開口，優勢型經理人已對我的訴求瞭若指掌。

優勢型經理人指著第一幅廣告圖說：「這是一個山道彎路旁，是一個事故多發地段，為警告司機謹慎駕駛，放慢車速，相關單位在此立了一個警告牌，警告牌上畫了一個骷髏，下書『快車危險』，然而車禍依然有增無減。」

優勢型經理人拿過另一張廣告圖，指著圖上的那個美麗女郎說：「後來在原地換了一塊牌子，牌上畫的是一個美麗的女郎，下書『我喜歡開慢車』。從此，車禍奇蹟般地減少了。」

優勢型經理人微笑著對我說：「仔細想想，這是為什麼？」

正在我仔細琢磨這其中的奧祕時，優勢型經理人指著第二組廣告圖說：「這是某風景名山的入口外，豎著一塊『摘花罰款』、『愛護花木』的招牌，但是人們照摘不誤。」他又拿過另一幅廣告圖說：「後來換過招牌，上書『愛花的人把花留在山上』，此後摘花的現象大為減少。」

「這兩組廣告圖中，先後表達的主題都是相同的，為何效果卻截然不同？」我百思不得其解。

「因為廣告詞換了一種口吻。」優勢型經理人說。

「口吻的變化？」我一時還是理解不過來。

「對！這種口吻的變化表明廣告的思維角度有了變化。前面的廣告內容中包含著對人的一種不信任：每一個司機都可能開快車，那麼將會車毀人亡；每一個遊客都可能摘花，那麼就要罰款。這種消極的心理態度無法使人欣然接受，廣告就不能產生效力。」優勢型經理人邊說邊用目光看著我。

「而在後來的廣告中，則從尊重人性的優點出發，傳達出了一個良好的資訊：你在這急轉彎的山路上一定會開慢車的，我喜歡你這樣做；我相信你是個真正愛花的人，你會把花留在山上。這種積極的心理誘導，讓人感到一份真摯的信任，使人即使想『犯規』也不願意以喪失自尊為代價，自然就樂於接受看板的信任了。」

優勢型經理人對廣告的解讀，使我從一個新的角度加深了對他的管理理念的理解。

每一位員工都有他的優點

「企業的管理也是一樣。」優勢型經理人顯然對廣告獨有一番感悟，「有一種只把眼光盯著員工缺點的經理人，看起來也是在做人的工作，其實是他把自己當成了一名『警察』。他的工作彷彿只是隨時發現並糾正別人的錯誤，耗費了大量的精力來對待人的缺點，結果適得其反，問題有增無減，員工的工作熱情也消耗在各種各樣的問題之中。」

這一點，我在過去的工作中體會是最深的。我們用了很多時間和精力來對付員工的問題，結果呢，問題並沒有因此而減少。

「另一種經理人感興趣的是人的優點，他相信誰都有優點，他的工作就是管理員工的優點，尋找員工的優點，並尋找機會讓員工把優點運用到工作中去。結果，員工的錯誤和問題少了，優點和成績日益增多了。」優勢型經理人說到這裡，微笑著看了我一眼。

「這兩類經理人管理員工的方式，如果能與這兩組廣告對人的前後誘導方式相互照應的話，我們的管理效果也自然就不一樣了。」我頗有一點感觸。

「是啊！前者是以一種消極的心理態度去看待員工，並且看重的是員工的缺點與不足，而後者卻是以一種積極的心理態度去看待員工，並且看重的是員工的優點與長處。」優勢型經理人對著廣告沉思了一下，「員工是需要積極正面地引導的。」

我點了點頭，是啊，如果嚴總也能擁有這一管理理念，那該多好啊！

「重要的在於經理人的觀念，是側重於用缺點取捨人，還是側重於用優點取捨人，一念之差，結果就完全不一樣。」優勢型經理人說，「如果你認定這是一個有缺點的人，那你的注意力就在於防範他的差錯。你其實是在『期望』他出差錯，以不斷重複加深你對他的錯誤的印象。最終，他真會變成你所期望的那種滿身缺點的人。

如果你認定這是一個有優點的人，那你的期望將時時推動他的進步，使他的優點不斷增加，成為你更加喜歡的形象。」

我知道，經理人最困難而最能產生效率的工作就是對人的管理。

優勢型經理人緩緩地從他的座椅上站起來，說：「我今天找你來的目的，其實就是想和你一起來討論討論這兩組廣告帶給我們的啟示。」

每一個員工都希望展示自己的優點

優勢型經理人是一個遇事細心、酷愛思考的人，他善於從點點滴滴的現象中發現事物的本質，發現員工和企業的優勢。「有一種現象值得我們關注，就是任何一個員工，不管他是願意還是不願意到這個公司工作，但只要他一進入這個公司，他就希望能得到上司和同事的肯定及認同。」優勢型經理人說。

「是的。我在做人力資源主管的時候，對這一現象也頗有感觸。」

「可惜的是，我們很多的經理人對此並沒有予以足夠的關注。」優勢型經理人的語氣頗為嚴肅地說，「這原本就是經理人實施管理的最好的切入點。」

「那你對這一現象是如何認識的？」其實，我是明知故問。

「『求優心理』人皆有之，誰都想力爭在工作中做出好的成績，以證明自己的價值，贏得同事和主管的尊重。所以人人都企望顯示自己的優點，以最佳的狀態進入自己的事業。經理人最需要善於發現和引導的就是員工的這些優勢現象。」優勢型經理人的自豪之情溢於言表。

「人人都希望能夠顯示自己的優點，經理人的工作就是給每一個員工創造一個顯示優點的平台。」我告訴優勢型經理人，還在我做人力資源主管的時候，就曾經向當時的嚴總建議過，但沒有引起嚴總的重視。

「這不只是你當時的嚴總沒有重視，其實，很多的企業管理者都認為，這既不是能力，也並非特長，只是一種看不見摸不著的心理現象，沒有值得重視的價值。」優勢型經理人的語氣顯然有些惋惜。

我忽然想起優勢型經理人和我說過的一句話：「經理人就是要善於在別人認為沒有價值的地方發現員工的價值。」

優勢是需要經常激發的

「沒有人故意變壞，一個人變得消極懶惰的時候，往往是在他得不到激勵的時候。」優勢型經理人說，「這是作為優勢型經理人的又一個獨特的觀點。」

優勢型經理人指出：「許多員工並非以最佳的狀態進入工作，他們只是運用了自己的一小部分才能，優勢被隱匿了，這種人才的浪費是無形的，同時也是巨大的。」

「這種現象，可以說在我們目前的企業管理中是較為普遍的。」我頗有點兒得意地說。

「如果每個員工都展示出自己的潛在優勢，企業的發展將令人刮目相看。這就是優勢激發原則。經理人要把挖掘員工的優點作為工作的第一職責，以最大限度地激發出員工的優勢。」

「什麼是優勢激發原則？」我急切地問。

「它包括兩方面的含義：

第一，對員工潛在優勢的發掘；

第二，對員工現在優勢的激勵。

只要我們回顧一下，會很容易發現，大多數企業的大多數員工，沒有施展出自己的主要才能，他們的優勢，經理人不清楚，因為缺乏一個創新的環境和一試身手的機會，甚至連員工自己也不清楚自己到底有多大的優勢。

「這是目前大多數企業的現狀。」我認為。

「經理人對潛在優勢的發掘，就是啟發員工正視自己的才能，認識自己的優勢，並明確表示他的優勢能為企業創造出什麼樣的貢獻。」優勢型經理人好像沉浸在一種全新的境界裡。

「這是傳統型經理人常常忽視的一個問題。」對於這一點，我真的感觸很深。

「這種基於員工的優勢基礎上的成功期待，將使員工獲得一種全新的感受，促使他喚醒自己的絕大部分才能，以適應這個前所未有的新形象。員工將以積極的、樂觀的生活態度，在自己的優勢基礎上開闢工作的新境界。」

我聽著聽著，自己也不知不覺地進入到一種全新的境界。

「一個人發揮優點進行工作才是愉快的，有效率的。」優勢型經理人說。

引導優勢的遷移

「那麼，當員工的優勢被激發起來以後，你採取的又是什麼措施呢？」我問。

「當員工的優勢被激發起來後，形成了最佳的工作態度，經理人就應該開始對員工的外在優勢實施激勵，在成功的路上引導優勢發展。」優勢型經理人答道。

「也就是說進行優勢遷移。」

「是的。」

「如果優勢還很微弱可以嗎？」

「可以。最初，優勢可能是微弱的，但我們只要相信這一點，員工在自己的優勢方面是最容易取得進步的。正確的導向加上員工本人的積極努力就能不斷地取得成績，微弱的優勢也就能逐漸雄厚起來，員工可以在新的優勢基礎上追求更大的成功，這是員工優勢的『垂直遷移』。」

聽著優勢型經理人的介紹，我感覺到，在優勢型經理人的領導下，企業的每一個員工都將成為一個充滿優勢的員工。

「優勢發展的另一種情況是，一般每個員工都是在某一方面具有優勢，經理人要激勵員工充分發揮特長，首先在某一方面取得成功，然後再引導他轉移優勢，在其他方面取得成功，這是優勢的『水平遷移』。」

優勢激勵不拘一格

「在你的眼中，優勢的激勵有沒有什麼具體的方法？」我問。

「優勢激發的方法是不拘一格的。它主要是根據企業的現實情況和員工的特殊需要來選擇激勵的手段。比如，當一名員工摸索出了一套有效的銷售經驗，經理人要給予及時的宣傳和表彰，並在企業推廣這種經驗，讓別的員工來運用他的成果，這對員工是一種莫大的激勵。再如一名員工提前達到了既定目標，經理人應立即給他確定下一個新的目標，這也是一種有效的激勵。」優勢型經理人說。

「雖說激勵是不拘一格，但也得有一定的規矩啊。」我說。

「是的，激勵如果完全是隨意的，就很容易出現誤差，久而久之，就將失去它應有的動力作用。因此，一定要有一套完善的激勵制度，這樣才能保障激勵的合理性，維護它的權威性。」

「沒有制度作保障的激勵，其持續性也不可能強。」

激勵的時機

「優勢激發在工作過程的每一個環節中都不可或缺。」優勢型經理人說。

我非常認同優勢型經理人的這個觀點，贊同地點了點頭。

「但要求我們的經理人要善於把握住優勢激發的時機。」優勢型經理人說，「比如：新年度的開始階段，經理人必須胸懷大局，縱覽員工和團隊的優勢，確定企業一年的整體優勢導向目標；新員工剛來企業，需要讓員工認識到本公司的特點，先讓他分享別人的優勢，汲取了一定的經驗之後，再根據他的素質和能力擬定他本人的優勢導向的目標。」

「此外，當一直勤懇工作的老員工突然變得散漫起來的時候，經理人要及時探明原因，是工作遇到麻煩，還是人際關係的困擾，或者家庭矛盾、健康受損等，給予關心和幫助，防止優勢的衰退；當一個團隊的工作沒有進展，經理人可以從目標的難易、人員的組合、團隊的士氣等方面主動尋找優勢激發的突破口，絕不能任其停滯不前，造成優勢的中斷。」

「激勵的時機非常重要。」這一點，我也是很有體會的。

「我們不但要重視激勵的運用，而且還要重視激勵時機的把握。」優勢型經理人說，「激勵的時機把握不好，激勵的效果也就不好，甚至會抵消激勵的效果。」

「的確如此。」和優勢型經理人在一起，我學到了不少新知識。

優勢是一棵樹

「優勢是一棵樹，只在適宜的氣候中萌芽、成長。」優勢型經理人深有感觸地說。

在我多年的企業工作經歷中，我發現，有著這樣觀點的經理人，我可以說，只有優勢型經理人一個。

「企業的經理人就是製造這種氣候的人，他採用『發掘潛在優勢』和『激勵外在優勢』的方法成功地對員工及其工作進行優勢導向。」優勢型經理人的境界的確不同凡響。

「經理人是員工優勢導向的關鍵。」我感慨地說。

「是的。如果經理人能經常去注意員工的表現，就能發現員工中有許多值得激勵的行為。如果經理人能持續不斷地行使激勵權，那麼，員工將會很珍惜這種來自權力中心的信任和榮譽，工作也將倍加認真。」優勢型經理人說。

「就像人與大自然一樣，人在一個好的環境中生活，就會健康長壽，而生活在一個不好的環境中，人就容易生病，甚至短命。」我不知道我的比喻是否恰當。

「員工的優勢也是一樣，積極向上的環境，能讓員工的優勢越來越強大。」

我的感悟

行為科學認為：人的某一行為受到鼓勵，他將不斷重複這一行為，而其他與此行動相違背的行為將會盡力避免。經理人運用「優勢激發」原則，就是抓住了管理員工的要領，使員工保持一種積極的心理現象，儘量來表現自己的優勢，相對抑制了消極心理的產生。優勢的成長和失誤的出現形成反比，員工就會以最佳的態勢去投身工作。這樣，經理人的工作也會變得愉快，因為員工需要的也是經理人的優點。只有不具「優勢頭腦」的經理人，沒有不具「優勢基礎」的員工。

當員工無所作為的時候，激發他的優勢；當員工小有成就的時候，加倍激發他的優勢。

第九章　你是重要的——整體信任原則

S W O T

比馬龍效應

聽完優勢型經理人的一席話，使我更深一步地理解了他的那句口頭禪：「工作需要的是人的優點。」既然工作需要的是人的優點，那我們的經理人就應該以激發員工的優點為一切工作的核心。

如何才能有效地激發員工的優點呢？帶著這個問題，我又來到了優勢型經理人的辦公室。

「還記得古希臘神話中的那位賽普勒斯國王嗎？」一見面，優勢型經理人就問我。

「國王對自己創作的一座少女雕像產生了愛慕之情，他的強烈的渴望和迷戀終於使愛神阿芙蘿黛蒂將雕像變成了一個美麗的少女，他的熱望實現了，兩人結成了秦晉之好。」這個故事我太熟悉了，「心理學家和教育專家也發現了一種同樣有趣的現象：如果教師對任何一位學生產生了進步的期望，他對學生的心理將產生潛移默化的良好的影響，最終使學生取得教師原來所期望的進步。如果教師善用『比馬龍效應』，將使學生不致受到冷落，在教師沒有『偏袒』和一視同仁的期望中全體學生將共同得到進步。」

優勢型經理人忽然和我提起這個故事，其中肯定蘊涵了一個讓優勢型經理人受益匪淺的啟示。我努力集中自己的注意力，捕捉著優勢型經理人的每一個思想的火花。

對每一個員工都要有明確的期望

「『比馬龍效應』既然能在教師對學生的教育中產生如此奇特的效果，我們為什麼不能運用在經理人對員工的管理中呢？」優勢型經理人說。

果然，優勢型經理人從這個故事中獲得了新的啟迪。

「經理人對每一個員工都要有明確和真摯的期望，對嗎？」我說。

「對。經理人們普遍感到苦惱的一個問題是：企業中真正優秀的員工太少了。許多人不是有這個缺點，就是有那個毛病，良將難得。因而，對這一小群『優秀員工』倍加愛護。」

「沒有問題的員工存在嗎？」我問。

「對優秀員工理當寄予更大的希望，為之提供更多的成功機會，這本應是對的。但伴隨而來的如果是只把期望施之於這些少數員工，多數員工就將得不到激勵，企業工作就不能帶來整體的效應。好的經理人，從不輕易放棄一個員工，願意為員工百分之一進步的希望，而付出百分之百的努力。而有些經理人卻隨便把那些暫時『落後』的員工打入『冷宮』，輕率地否定員工的全部才能，把他們推入『平庸之輩』的行列，從不對他們抱有成功的期望。」優勢型經理人有點激動，「你說，有誰甘願做平庸之輩？」

「是啊，有誰甘願做平庸之輩？」

「優勢導向不是只對一部分具有明顯外在優勢員工的導向，這一部分員工由於優勢基礎雄厚，加上合理的導向，自然是容易出成績的。但是，如果對於優勢處於潛在狀態下的員工，不能激發、調動和引導他們發展優勢，取得成功，這就不是真正的優勢導向。」優勢型經理人說。

「優勢導向，面向的是企業的每一個員工，對嗎？」我問。

「是的。按照優勢激發的原則，每一個員工都可以在不同程度上取得成功，重要的是經理人對員工是否能一視同仁，對全體員工都寄予期望，寄予整體的信任。」

整體信任是發揮員工優勢的前提

「你重視的是企業員工的整體？」我問。

「是的。一個企業不能永遠只靠少數幾個優秀的員工來支撐，企業這部機器要靠大家來共同推動。經理人對員工的整體信任，無疑將激發出更多的優秀員工，形成公司的『人才群體優勢』。」

我頗有感觸地點了點頭，仔細地聽著優勢型經理人的介紹：「對任何一名員工的不信任，都是對員工背後的客戶群體的不負責任。員工得不到尊重與激勵，他的服務品質就可能要大打折扣，這將直接影響到他的間接或直接的客戶。這種有意或無意的疏忽，影響的不只是這名員工本身。」

做了這麼多天優勢型經理人的助理，我深知，信任是優勢導向的基礎。

「企業工作的特徵，決定了企業員工是這樣一種特殊的人：他不是被動的接受管理，他也不能只是執行管理者的命令，他還必須作出決策，決定自己的工作方式和追求目標，他有明確的責任範圍，在這個職責範圍內，他本來就應該是一個自主管理者。」

「的確，每一個員工都是一個自主管理者。」我自言自語地說。

「雖然，企業對每一個員工的工作要求限定了他的工作的方向，但具體怎樣做好他的本職工作，通過什麼形式達成工作成效，這需要員工根據具體的情況和依賴自己的素質和能力作出行動決策。」優勢型經理人說。

「也就是說，整體信任是發揮員工優勢的前提。」我插話道。

「是的。員工作為顧客的管理者和服務者，要對所服務的顧客負責，也要對企業負責。對於經理人而言，員工都是實施管理的物件，但對於顧客而言，每一個員工都是一個管理者和服務者。所以，每一個員工都必須具有『自主管理者』的意識。」

「所以，要給予員工足夠的重視。」我說。

「經理人只有對每一個員工都給予同樣的重視，才能激發他的責任心，使他成為真正的自主管理者。經理人要有勇氣對每一個員工說：『你是重要的！』」優勢型經理人說。

「的確如此。」我對優勢型經理人的這一觀點，不但認同，而且從內心裡感到敬佩。

「整體信任就是，透過員工的心理誘導來促進企業員工的進步，但要特別注重對那些暫處劣勢的員工的導向。每個員工個人的『優勢基礎』，就是經理人對員工的『信任基礎』，把握住了這個共同的基礎，對員工的整體信任就不會是一句空話了。」

優勢型經理人的話語，打開了我心靈的一扇視窗。就像窗外的那一絲陽光，暖暖地照在我的身上。

關注沉默的中間層

「實施整體信任原則，經理人不但要善於發揮企業中『能人』的效應，更重要的是經理人要善於發揮企業團隊整體的作用。」優勢型經理人說。

「在你的眼裡，企業的每一個員工都是企業的寶貴資源。」我插話道。

「企業是人的企業，員工是企業發展的主體。」優勢型經理人說，「員工是企業最寶貴的資源。」

「你認為，企業的能人是哪一些員工？」我問。

「我們對企業裡的員工群體略作分析就會發現，有兩類結構鬆散的小群體特別值得我們注意。一類是『能人群體』，這群人是企業的骨幹員工，都具有很強的才能，能夠在工作上獨當一面，他們人數雖少，但號召力卻極大。如果經理人發揮了他們的作用，一個能人就是一個榜樣，一個能人就可以帶出一批能人，形成『能人效應』。」

「那麼，什麼又是企業沉默的中間層呢？」我問。

「另一類就是『沉默的中間層』，不強出頭、不落後是這個群體的主要特徵。因此，也使得經理人往往忽視了這一大批上下不沾邊的踏踏實實工作的員工。他們很少受表揚，也很少被批評，他們永遠是領獎台下的鼓掌者。其實，正是這默默無聞的大眾，構成了企業發展的主要動力。如果經理人能認識他們的『優勢』，進行適當的激勵與引導，他們完全可以站在領獎台上，以優秀員工的形象出現。」

我想，用心如明鏡來形容優勢型經理人對員工的了解，一點也不為過。

員工也是自主管理者

「我們必須樹立這樣一個觀念：『員工也是自主管理者』，經理人要不斷推銷這個觀念，直到員工具有明確的『自主意識』，他將學會『自我優勢導向』。」優勢型經理人說。

「這一點你在前面也說過，我非常贊同你的觀點。」我說。

「員工只有成為一個自主管理者後，他才會自覺自主地去發揮自己的優勢。」優勢型經理人說。

「是的。」我點頭稱是。

「當員工完成了一項艱巨的工作，他會有一種滿足感，心情也會十分愉快，這是一種自我鑑賞；當員工贏得了一個顧客的信任，就彷彿自己前進了一步一樣，這是一種自我成就感；勝利在望的時候，他有類似箭在弦上不得不發的追求的熱情和成功的自信，這是一種自我激勵；當員工實現了一個目標，他會衡量自己的實力，自覺地走向下一個目標，這是一種自我的期望。」優勢型經理人的觀察獨到而又仔細。

「前提是要有經理人的整體信任作基礎。」我說。

「是的，有了這種基礎，員工的這種自我優勢導向的徵象才能形成，達到這種境界的員工，他就無須依賴來自上級的引導，他可以自己確立目標，選擇自己奮鬥的方式，並獲取經理人和自己雙方都期待的成功，他對自己已經有了足夠的自信，他已經成為一名合格的自主管理者。」優勢型經理人答道。

而這一切的前提，我認為是源於經理人對員工的整體信任。

我的感悟

對任何一名員工的不信任，都是對員工背後的顧客的不負責任。因此，整體的信任是員工成長和企業發展的基礎。

優勢是可以培養的。整體信任的目的是使每一個員工的優勢都得到培養，並使每一個員工最終都成為一個「合格的自主管理者」。企業是「員工的企業」，員工的自主管理意識，應該成為企業的主體意識。

S W O T

第十章　加入整體的進程——目標網絡原則

優勢導向是一個目標管理的過程

好幾天沒有下過雨了，今天的那一場小雨，就像久旱的甘霖。我踏著那輕輕飄落的雨絲，心情感到特別舒暢。

「『期望和激勵是軟性的管理，沒有明確目標的激勵便成了隨意性的激勵，那就容易使期望化為虛無。因此，作為硬性管理的目標確定是不可或缺的』。我在你的部落格上看到你寫的這句話，這是不是說明你在優勢導向中非常重視目標的管理？」我的話語還帶有絲絲的雨味。

「沒有目標管理的優勢，就像一輛好的汽車沒有了方向盤。」優勢型經理人見我冒雨而來，話語間充滿著一種溫馨的情調。

「你的比喻很形象，很貼切。」我答道。

「這樣說吧，優勢導向是在對員工的優勢導向的基礎上建立團隊的優勢，在對團隊優勢導向的基礎上建立企業總體的優勢的目標的一部分，員工的所有努力都是為了加入到企業整體工作的進程中去。這個過程，就是一個目標管理的過程。」優勢型經理人答道。

「我明白了。」看來，這場雨帶給我的是一種智慧和喜悅。

目標要成為員工優勢的催化劑

「那你在優勢導向中是如何對員工進行目標管理的？」我問。

「可以這樣說吧，一個企業是一個相對封閉的可控系統，企業的工作主要是圍繞產品的開發、生產、銷售等環節來展開的，而構成這個系統的主體是人。因此，也可以說企業的工作是圍繞著發現人、培養人、使人發展、促人進步這個中心來開展的。」

「是不是可以這樣理解，你關注的核心，其實就是人。」我笑著問優勢型經理人。

「是的，人是企業的第一資源，企業各項工作的成效，關乎的就是人。」優勢型經理人停頓了一下，接著說道，「企業裡的各種人員共同組合成一個能夠完成這種特定功能的整體。經理人要調動這個系統中的每一個積極因素，把每一名成員都納入到企業發展的軌道，最有效的辦法就是每一個員工都有一個奮鬥目標。」

「讓每一個員工都在目標的軌道上運行？」

「是的。更確切地說，是讓每一個目標都在企業整體目標的軌道上運行。」優勢型經理人強調道，「好的目標，是一個員工優勢的催化劑。」

「也就是說，幫助員工制定好發展的目標，就能有效地推動員工優勢的發展。」

「正是這樣。優勢型經理人在實施優勢導向的時候，特別重視員工發展目標的引導。」優勢型經理人說，「一是引導員工目標向優勢方向發展；二是引導員工向企業整體目標方向發展。」

窗外的細雨，依然輕輕地飄落在每一片嫩綠的葉子上，使它們充滿了生命的活力。

企業整體目標構成需遵循的兩個準則

「那麼，企業的目標體系如何構建？」我問優勢型經理人。

優勢型經理人答道：「首先，確立企業的整體目標。在對企業優勢進行總體考察的基礎上，明確企業的發展方向，充分利用企業現有的優勢條件，以具有優勢的專案為重點發展目標，帶動目前尚處劣勢的專案。並限定實現目標的時限，制定企業近期、中期和遠期的目標。」

「你在企業目標的制定中與傳統型經理人有什麼不同嗎？」我問。

「也許有吧。我認為，企業整體目標的構成需遵循兩個準則：一是『有序組合』。近期目標應是目前最極需做好的和短期內容易達到的目標，遠期目標則是企業遠景的科學規劃。遠期目標分解為一個一個近期目標，近期目標是指向遠期目標的里程碑。」

「二是『最優化』。只要整體目標在一定條件下是最優的，其分項目標則不一定要求個個都是最優的，這是總體最優；在各項目標不能都最優的情況下，要保證重點目標最優，並根據準則要求，合理組成人員結構，有效分配企業資源，創造各種優先條件等。」優勢型經理人回答道。

「關鍵是確保重點目標的最優化。」我說。

優勢型經理人點了點頭說：「任何目標都是根據企業的現狀來制定的。經理人要權衡各種因素，把某些目標制度化，形成一套檢驗日常經營工作的常規制度，以保持企業現有的優勢。同時，對企業具有創新意識的工作，要適時納入整體目標，以發展已有的優勢而形成企業新的優勢。」

團隊目標導向的兩條基本管道

「整體目標確定後，員工群體目標該如何建立？」我問。

「我認為，團隊的目標是在企業整體目標的制約下建立起來的。」優勢型經理人說。

「是的。」我附和道。

「團隊目標，既是整體目標的分支，又是它的構成基礎。」優勢型經理人說。

「它有什麼特徵嗎？」我問。

「團隊的目標導向有兩條基本管道：一是根據團隊現有優勢確定共同目標，使員工優勢得到強化，把團隊優勢建立在員工的優勢基礎上，順其自然地向前發展。」優勢型經理人微笑著答道。

「優勢是目標導向的基礎。」我說。

「是的，比如在一個技術部門中，有的員工的技術創新探索已取得了一定的效果，為了肯定這種探索，強化它的效果，可以讓更多的員工參與到這個創新活動中去，確定技術部門的共同目標，讓大家在現有成果的基礎上共同借鑑，深入探求，使這次技術創新活動得到完善和推廣，這種方式可以把員工的優勢變成團隊的優勢。」

「那第二條管道是什麼？」我問。

「是根據企業工作的需要確定團隊目標，並以團隊目標集合員工優勢。」優勢型經理人答道，「對於團隊而言，如果全部把目標建立在原有的基礎上，員工優勢之間容易發生碰撞，企業工作的隨意性就太大，難以做到宏觀的控制和科學的決策。所以，團隊優勢導向主要應該是在有意識地確定某些共同目標的情況下，對員工的優勢給予牽引和誘導，根據目標的要求，判斷員工是否具有相應的實現目標的優勢。」

優勢型經理人微笑著繼續說道：「這是一種優勢的有效組合，可以在團隊中建立起競爭機制，鼓舞團隊士氣。」

目標的網絡化管理

「目標的網絡化管理又要注意些什麼？」我總喜歡打破沙鍋問到底。

「如果說企業目標是一座金字塔，那麼，企業的整體目標是尖頂，團隊目標是中層主體，而它的基座就是全體員工的個人目標。」優勢型經理人答道。

「是的。」我贊成回答道。

優勢型經理人說：「員工的目標是根據自己的『優勢基礎』確立的，同時又受到團隊目標的制約。員工目標如果與團隊的目標相吻合，他將為團隊增添優勢；如果與團隊目標相脫離，那麼他就必須服從合理的團隊目標，避免員工之間發生目標的碰撞，從而抵消或削弱團隊優勢。」

「這個問題很值得我們經理人關注。」我說。

「由於企業每一個員工的個體目標都和企業的整體目標相呼應，這就構成了企業經營工作的目標路線。」優勢型經理人介紹道。

「如果說企業的整體目標是一個大型控制系統，那麼，中層和基層的團隊目標則構成了中型和小型的控制系統。」優勢型經理人說，「大型控制系統，如董事會、經理人及員工代表大會，制約著中層的主要目標，而中層控制系統，如技術部、生產部、業務部等，制約著基層的主要目標，小型控制系統，如專案組、班組等，又制約著個人的主要目標，構成一個多層次管理的有機的目標網絡。」

「員工的目標在一個有效的網絡中才能更具活力。」我說。

「是的。由上而下，每個人都有自己的目標，每一個目標都不是孤立的，而是企業整體目標的一部分，用有形的目標去管理無形的經營成效，企業工作才能得以扎扎實實而又充滿生機地發展，最終，將形成企業的綜合優勢。」優勢型經理人說。

「是的。」聽完優勢型經理人的介紹，我內心充滿了對優勢型經理人的敬佩。

「把企業的工作構成一個有明確發展方向的目標網絡，優勢導向才有章可循，所有的期望、激勵和信任才可能變成實現，情境領導也才能抓住要害，有的放矢。」優勢型經理人未等說完，便拉著我的手，把我拉到屋外的雨中。

「就像這輕輕下著的小雨，既能滋潤萬物，又能蕩滌萬物身上的塵埃啊！」優勢型經理人滿含深情地說。

我的感悟

加入目標的進程，讓每一個員工都有一條明顯的發展軌跡。一個目標的實現就表明員工的一次進步。當員工發揮自己的優勢，在工作中取得成績以後，目標網絡系統又具有引導員工作「優勢遷移」的功能，讓員工確立新的目標，建立新的優勢，塑造全新的員工形象。

企業的發展正是在員工一個又一個目標的實現中達成的。

第十一章　人有幾個形象——情境管理原則

S W O T

根據員工當時的優勢狀態實施靈活的優勢導向

「但是，據我的觀察，人的優勢不是一成不變的，員工的任何一個優勢都是動態的。」我對優勢型經理人說，「人在不同的情境中，他的優勢也不同。」

「是的，我完全贊同你的觀點。」優勢型經理人語氣肯定地說，「兩個能力異同的人追求同一目標，其能力高低決定著各自成就的大小；與此相似，一個人在實現兩個不同的目標時，目標的難易程度也將考驗素質的高下。也就是說，沒有誰具有永久的優勢，也沒有誰處於全面的優勢。」

「優勢是動態的，那我們經理人實施優勢導向的方法也應該是動態的了。」我問。

「人在不同的時候，其優勢也會表現出明顯的差異。經理人在實施優勢導向的時候，要根據員工當時的優勢狀態實施靈活的優勢導向，以使企業管理避免成為僵化的形式主義，增強經理人的應變能力和發揮管理工作的現實指導作用，這就需要『情境領導』。」

「什麼是『情境領導』呢？」我問。

「人是各種因素的總和，具體點說，是他的能力、氣質、情緒、意志、健康狀況、經濟狀態以及各種社會關係的綜合體，每一個因素的變化都會在不同程度上改變他原有的形象，影響到他的工作。」優勢型經理人說。

「人在不同的情境下，其形象也是不一樣的。」我說。

「從經理人的工作來考慮，尤其要注意的是其中的兩個因素：員工的能力和心理狀態。所謂『情境』，就是員工的心理狀態和工作能力與具體的工作內容組合成的一種臨時關係，是此時此刻做此事的進擊狀態和難易程度。判斷員工處於何種『情境』，其依據是員工的『成熟度』。」

「員工的『成熟度』?」對我來說，這還是一個比較模糊的概念。

員工「成熟度」的四個水準點

「員工的『成熟度』具體指的是員工投入每項工作中的能力與意願的不同組合。」

優勢型經理人說，「能力和意願的大小，由高到低形成了四個成熟的水準點。」

「具體的表現是什麼？」我問。

「一是不能且不願意，或者說動搖。例如，要求進行某項管理變革，有的員工不知從何做起，並且對變革缺乏興趣和信心，他缺乏的是能力，責任感和動力。」優勢型經理人答道。

優勢型經理人條理清晰，一條一條地介紹著。

「二是不能但願意，或者說有信心。例如，一個剛到企業的新員工，他不具備嫻熟的工作技巧，但他樂於學習，他的『情境』是缺乏能力但有熱情，並且願意付出努力。」

我仔細地聽著，生怕漏掉了一點什麼。

「三是有能力但不願意。例如，這個員工具有做好某項工作的素質，但他卻不願意承擔這項工作；或者，他對自己做好這項工作信心不足。他的特徵是有能力去做，但不願意或者不敢使用自己的能力。」

「這種現象還較普遍。」我做人力資源主管的時候，就遇到過不少。

「四是能夠而且願意。例如，某個目標與員工的個人優勢相吻合，他就有能力並且樂意去實現這個目標，甚至有信心單獨實現目標。」優勢型經理人停頓了片刻繼續說道，「他處於優勢狀態，完全適合做某項工作。」

對不同的員工採取不同的領導風格

「以上四種表現說明，員工的能力和意願的不同組合，會產生不同的工作表現，而對於不同表現的員工，是否意味著必須採取不同的管理方式？」我問。

「的確如此。員工在執行某項任務時的成熟度就表明他處於何種『情境』，是優勢狀態還是劣勢狀態，或者優劣參半？經理人可以根據員工所處的『情境』準確地判斷，然後有的放矢地去實施管理，這就是優勢導向的『情境領導原則』。」優勢型經理人答道。

「每一個員工都有不同的能力和意願。」我說。

「正因為這樣，情境領導，強調的是對不同能力和素質的員工使用不同的領導風格。」優勢型經理人說，「一般來說，對一個技能熟練，處於進步狀態的員工，經理人應採用『激勵式』的領導風格，強化他的優勢，推動他進步；而一個經驗豐富，素質良好的員工，他就不一定渴望經理人的不斷激勵，因為他已經學會了自我激勵，他更喜歡『授權式』的領導風格，經理人可以給他制定一些規範，給予具體的指導。」

「經理人實施管理的方式也要隨之而變。是嗎？」

「但是，員工的能力和意願是不斷變化的，特別是在執行某項具體的工作時，成熟度的優勢轉變尤其明顯，這就要求經理人相應靈活地改變領導風格，『情境領導』才會名副其實。」

對同一個員工也要採用不同的領導方式

「其實，對於同一個員工來說，他的成熟度優勢，也是不斷變化的。」

「對。對同樣的一個人，也要採用不同的領導方式。」優勢型經理人用讚賞的目光看著我，「有一種被人忽視的現象，在情境領導中卻備受重視，那就是員工的心理狀態對工作的影響。」

「是什麼現象？」我急切地問。

「人並非永遠是處於心理優勢狀態的。」優勢型經理人語氣有一點沉重，「不願顧及這一點是目前經理人管理的一個誤區。」

「我原先遇到的許多經理人都有這個現象。」對此我很有同感。

「當員工出現失誤時，錯誤的管理方式只會製造出更多的錯誤。」優勢型經理人說。

「面對員工不同的能力和意願，經理人應該如何管理？」我問。

「經理人要在全面、細緻地了解員工的基礎上，確認批評的範圍和寬容的尺度。」優勢型經理人說，「當員工處於心理優勢狀態，如自信、堅定、興奮時，經理人要說明員工消除缺點；當員工處於心理劣勢狀態，如沮喪、疑慮、自卑時，經理人要表示諒解與鼓勵。」

「由於心理狀態的變化，一個員工會有形形色色的不同形象。」我插話道。

「是的。經理人要給自卑者以教導，給疑慮者以解釋，給動搖者以奉勸，給自強者以激勵，給自信者以信任。針對員工當時不同的心理狀態，實施恰當的導向。」

這樣，員工的形象就會同他的心理狀態一樣，由劣勢而轉化為優勢了。在這一點上，我十分贊同優勢型經理人的觀點。

人人都有幾個形象

「在日常生活中，我們每一個人都有不同的幾個形象，員工也是一樣。」

「人在不同的情境中，有不同的形象。」優勢型經理人說，「員工除了他的職業形象外，在生活中作為一個普通人，還具有各種角色的形象，如家庭成員、各種社會團體的成員等。」

「這些角色關係對員工本人是重要的。」我說。

「作為社會角色的豐富性與作為職業角色的單一性，會有所衝突。」優勢型經理人接著說，「員工偶然的情緒反差就是兩者衝突的結果。」

「的確如此。」我認同。

「經理人在注意員工的形象時，不能忽視其他角色關係對員工的影響。」優勢型經理人提醒道。

「優秀的經理人面對這個現象時態度應該如何？」我問。

「要關心員工在扮演社會角色時的形象，並借此強化員工的職業形象。」優勢型經理人說。

「這充分表現出情境領導的人情味。」我附和著。

我的感悟

每一個員工都生活在一個角色不同的情境中，他不但是公司的員工，同時也是家庭裡的丈夫、妻子、父親、母親、兒子、女兒，還扮演著社會角色的朋友、同學和同事，等等。角色的多樣化，要求我們的經理人在實施優勢導向的過程中，要根據員工當下的角色特徵進行導向。尊重員工的角色特徵，是優勢型經理人的一大特點。

情境領導是經理人領導風格的優勢選擇，體現了優勢導向的靈活性。

工作的樂趣，來自於自己想做並且能做好的事。

S W

第十二章　讓我幫助你——走動管理原則

O T

經理人要走出辦公室

「『優勢激發』原則和『整體信任』原則確立了優勢導向的管理方向，『目標網絡』原則確定了它的發展軌跡，『情境領導』原則是它的管理風格。但是，如何具體貫徹優勢導向呢？」借著優勢型經理人的興致，我問。

「實施『走動管理』原則。不要受各式檔案報表的束縛，走出會議室和辦公室，走到員工和顧客中間，去了解和幫助員工。」優勢型經理人回答。

「在我之前所經歷過的經理人中，大致有兩種類型：一是足不出戶，坐在辦公室或會議室裡，看報表發號施令；二是走馬看花，只是到員工和客戶中間去作作秀。」我說。

「你已經知道，優勢導向要求經理人要在員工工作的一線發現員工的優點，培育員工的優點，實現與員工心理的零距離。」優勢型經理人說。

「只有和員工一起，我們才能真正地幫助他們。」我若有所悟地說。

「是的。」

管與理相結合

「走動管理的核心是什麼?」我問。

「『走動管理』的要旨是『參與』，如果經理人不參與到員工工作的進程中去，管理就變成了『只管不理』。」優勢型經理人語氣嚴肅地說，「足不出戶，企圖以會議來解決所有的問題，沉溺於以檔報表、檢查、考核替代全部管理程式，看重結果，輕視過程。這樣，管理給員工帶來的就主要是壓力，而不能產生動力。」

「這種現象的後果是很可怕的。」我說。

「是的。高高在上，則無法發現員工的優勢，無法了解員工對目標的執行情況，『情境領導』也將變成一句空話。」優勢型經理人表情嚴肅地說，「員工的優勢可能中斷，個體及集體的目標可能偏離企業總體的進程。」

「我也有同感。」我說。

「『只管不理』不可能把優勢導向變成現實，企業管理的應有效率將大打折扣。」優勢型經理人說，「我們提倡掌握第一手資料，以便及時指導員工工作的進程，避免主觀臆斷，貽誤時機，避免在對員工的評價中摻雜過多的個人因素。管與理要相結合。」

我的經驗告訴我，只管不理，管理工作往往會走入一個誤區。

「在微觀指導的基礎上，對企業整體目標的進程才能夠客觀把握。」優勢型經理人說。

讓我幫助你

「請具體介紹一下走動管理的內涵。」我要求道。

「走動管理，是指經理人對員工的直接指導與幫助。」優勢型經理人說，「它意味著經理人這樣表態：『讓我幫助你。』」

「用具體行動？」我問。

「是的。是經理人到員工中去，在具體的工作情境中，幫助員工，激勵員工。」

優勢型經理人答道，「經理人以參與者而非旁觀者的身分出現，以達到心理相容的境界。」

「這樣就能讓員工在情感上和經理人融為一體。」我說。

「經理人要敞開辦公室的大門，增加管理的透明度，讓員工明瞭經理人對自己的評價，明瞭自己能夠發揮出的更大的作用。」優勢型經理人說。

「管理的透明度越高，員工的認同度就越大。」我順著優勢型經理人的思路說。

「經理人還應儘量縮短資訊流通的距離和時間，增強應變的機能，準確了解各項目標的進程，及時防止錯誤的出現，發現新的優勢。」

說明要體現在目標網絡的每一個環節上

「走動管理是由經理人一個人來主導嗎？」我問。

「走動管理不是對經理人一個人的要求，而是對企業各層次管理人員的基本工作要求。」優勢型經理人說，「經理人是優勢導向的發動者，而在推動優勢發展的目標路線的每一個環節上，都有一名具體管理者，這些人都兼有管理者和參與者的雙重身分。」

「目標路線的管理，是由一個管理團隊在管理。」我說。

「是的。優勢導向就是在企業各層次管理人員的參與貫徹中，由上至下，層層督導企業優勢的發展。」優勢型經理人說。

一天晚上，我和劉祕書來到酒吧，在燈紅酒綠的色彩中放鬆自己。

劉祕書端起一杯流行的雞尾酒，在如夢似幻的音樂聲中，輕輕地碰了一下我的酒杯：「怎麼樣，我的提示沒有錯吧。優勢型經理人優勢導向的五個原則，給你留下的印象如何？」

「那是我大學畢業以來所學到的最精彩的企業管理理論，對實現我人生的目標大有裨益。」

我們誰也沒有睡意，乘著酒興長談了一夜。

我的感悟

優勢型經理人認為，幫助員工成功是最好的管理。

如何幫助員工？優勢型經理人的策略是，到員工工作的一線去，在員工工作的進程中，有效地說明員工走向成功。

任何一位企業的管理人員，一旦離開員工，或者只是躲在員工的背後，無論如何都無法幫助員工成功的。沒有員工的成功，也就沒有企業的成功。

S W

第十三章　員工的優勢導向

O T

走進「優勢導向」

優勢型經理人關於「優勢導向」的五個原則，給我留下了非常深刻的印象。從優勢型經理人的五個原則中，我看到了「優勢導向」的魅力，也感受到了優勢型經理人全新的優勢管理的理念和方法。

我決定進一步深入地向優勢型經理人討教，就「優勢導向」在企業管理實踐中的運用問題向優勢型經理人取經。

當我再一次來到優勢型經理人的辦公室時，優勢型經理人好像早就知道我的來意。他拿出一份早已經準備好的名單，微笑著對我說：「我很讚賞你的這種執著的精神。如果你想深入了解『優勢導向』在企業管理實踐中的運用情況，你可以再一次去問問他們，我相信你會有新的收穫的。」

名單上的名字是：人力資源部的陳經理、業務部的蘇經理、總經理辦公室的李主秘，還有被大家譽為專家型員工的小王。這四個人我都已經接觸過了，我相信再一次去和他們交談，一定會有更新的體會和收穫。

我按照優勢型經理人的指引，再一次來到公司人力資源部陳經理的辦公室。

人人都有自己的發展軌跡

陳經理笑呵呵地對我說：「我知道你會再來的。」

「經過前一段時間和優勢型經理人的交往，我非常認同優勢型經理人的管理理念。你是優勢型經理人最重視的人力資源部的負責人，對優勢型經理人的管理理念和方法在企業管理實踐中的運用，一定有自己獨到的見解。這不，特向你取經來了。」說實話，我很欽佩陳經理的敬業精神。

「我們言歸正傳吧。」陳經理開始介紹道，「優勢型經理人的『優勢導向』，在企業管理實踐中，主要表現在員工優勢的導向、團隊優勢的導向、整體優勢的導向和新優勢的導向等方面，透過員工優勢的導向帶動團隊優勢的導向，透過團隊優勢的導向來推動整體優勢的導向，形成新的優勢。」

「就員工優勢而言，」陳經理繼續說道，「優勢型經理人認為，人人都有自己的發展軌跡。經理人應該根據每一個員工的發展軌跡來推動員工優勢的發展。」

小個子的陳經理，可以說是優勢型經理人的一個得力的助理。在實施優勢導向的過程中，陳經理始終是優勢型經理人堅定的支持者。

給員工一個明確的目標

「作為員工優勢的導向，優勢型經理人主要關注的是哪些方面？」我問。

「優勢型經理人認為，對員工的優勢導向，一個重要的措施，就是要充分地發掘和發揮他的優點。而要做到這一點，首先就必須根據員工的優勢特徵，為他確立一個明確的目標。」陳經理強調地說，「這個目標必須切實可行。」

「明確的目標對於員工優勢的導向有什麼作用？」

陳經理拿出一本工作日誌，翻到其中一頁，只見日誌裡記滿了密密麻麻的文字。陳經理指著其中的一段文字對我說：「有三個作用：一是員工的目標確立後，他就會知道怎樣去找出自己的優勢，從而明確自己的優勢所在；二是員工的目標清楚後，他也會清楚該怎樣去發揮自己的優勢，促使自己的優勢轉化成工作的成效；三是為經理人對他的優勢導向提供了一條清晰的路徑。」

「能否說得具體、明確一點？」我問。

「優勢型經理人對每一個部門經理都有一個明確的要求，即對自己部門的每一個員工的優點要瞭若指掌，並根據企業發展的需求，對其進行優勢的選擇和導向。」陳經理回答道，「比如說，當經理人發現某個員工具有某個優點時，他就應該根據這個員工的優勢特徵，為他制定一個符合他的優勢發展的目標，以推動他的優勢發展。」陳經理停頓了一下，說，「這個目標必須清晰而又符合這個員工的優勢實際。」

「我明白了。」我說。

「一個明確而又科學的目標，能誘發他的行為動機，規定他的行為方向，促進他的行為朝著預定的方向發展，並對他起著一種激勵和導向的作用，使他的優勢得到充分的展示和發揮。」陳經理說。

陳經理漸漸地進入了角色：「同樣，如果缺乏一個明確的目標，他也會失去努力的方向和信心，他的優勢也就得不到展示和發揮。」

優勢型經理人認為：給員工一個明確的目標，是員工優勢導向的第一步。

公開你對員工的期望

「當一個員工的目標確立後，優勢型經理人認為，經理人應該及時地公開他對這個員工的期望。」陳經理從他的座位上站起來，走了幾步後說，「經理人不能把自己對員工的期望埋沒在心中哦。」

「這話怎麼說？」我問。

「經理人往往為每一個員工設計了一個預定的形象，如甲員工在某一方面成為把關者，乙員工在某一方面做出成績，等等。這就是我們常說的經理人對某某員工寄予希望，或者對某某員工的期望。」陳經理說。

「但這種期望一般很少公開，即使公開，也是在個別氣氛較濃的情況下，點到為止。因而，經理人們的這些期望，結果往往成為經理人個人的良好願望。」我插話道。

「是的。每一個經理人都希望員工成為自己想像中的形象，但假如每個經理人都把這種期望深藏在自己的內心，誰又能知道他對員工的期望是什麼呢？也就更談不上員工成為經理人所期望的形象了。」陳經理說。

「於是，有的經理人便抱怨員工不聽話，或者抱怨員工很笨，不能體會經理人的良苦用心，久而久之，便對員工失去信心。這樣的結果，可想而知，不但使經理人與員工之間感情被疏遠，使員工的優勢得不到發揮，員工的積極性也會大大地削弱。」我說。

「優勢型經理人說，解決這個問題的辦法很簡單，即公開你的期望，讓每一個員工都了解經理人對他的期望。」陳經理說。

「期望，特別是來自經理人的期望，有時對一個員工的成長，的確能起到至關重要的作用。它可以激勵一個人成才，也可使一個人平平庸庸。」我漸漸地也有點進入角色了。

「優勢型經理人說：明確地告訴員工自己所希望的事情，然後放手讓其完全自由發揮。」陳經理說。

「期望是一種無形的力量。」我的心中忽然湧出一個這樣的念頭。

揚其所長化其所短

「據我的觀察，應該說，如今的每個經理人，都很重視員工的培養。」我說。

「但是，員工的培養是不容易的，這也是每個經理人的苦惱之一。」陳經理頗有感觸地說。

「那麼，優勢型經理人在員工的培養方面是怎麼做的呢？」我問。

「優勢型經理人的方法，一是盡力發掘每一個員工的優點，揚其所長；二是客觀面對員工的缺點和不足，化其所短。」陳經理道，「優勢型經理人認為，每一個員工都有他們的優點和不足，沒有十全十美的員工，也不會有一無是處的員工。盡其所能用好員工的優點，寬容和引導好員工的缺點和不足。」

「對待員工的優點，優勢型經理人的觀點如何？」我問。

「以讚賞的態度來對待員工的優點，充分發揮他的優點。優勢型經理人認為，員工會因受到尊重而鼓舞，他的才能就會以最佳的形式發揮出來，創造出驚人的工作效率，成為企業的人才。」陳經理回答道。

「對待員工的缺點和不足呢？」我追問道。

「優勢型經理人認為，企業是不存在沒有問題的員工。經理人要在包容的基礎上巧妙地化解問題，將其向優勢的方向引導。」陳經理說。

「作為經理人，如果總覺得員工這也不行，那也不行，以『雞蛋裡挑骨頭』的態度來對待員工，久而久之，他就會發現在他的周圍就沒有一個可用的員工了。」我說。

「是的。對於員工的缺點和不足，經理人往往容易陷入一個錯誤的觀念，認為這些缺點和不足正是導致員工落後的主要原因。」陳經理接著說，「其實不然，恰恰是這些缺點和不足，往往會轉化成為員工前進的動力。當然，這裡有一個前提，即經理人要善於利用員工的這些缺點和不足，或者說要善於將員工的缺點和不足作出正確的導向，使其轉化成為優勢。」

「我做過人力資源主管，對於這個問題我是深有體會的。」我說。

「每一個員工都有他的個性特徵，但這些個性特徵常常並不完全表現在他們的優勢方面，其實，他們的某些短處有時表現得更為充分，更能顯示出他們的個性特徵。因而，一旦正確地導向了員工的缺點和不足，其激勵效果會更為明顯。」陳經理答道。

「因為經理人對他的充分信任和理解，使他受到鼓舞和鞭策。」我說。

「在管理實踐中，我們常常會碰到這樣一種現象：某個員工在某個方面有缺點，如果經理人老是批評他的缺點，那他的缺點將逐漸加深，使其缺點更為突出，但如果經理人能善於引導和化解他的缺點，那他的缺點，就會不知不覺地變成他的優點。」陳經理說，「要使每一個員工都成為企業的人才，就必須揚其長，化其短。」

其實，對於員工來說，優點和缺點之間，並沒有一條必然的溝壑，只要你對他的導向是正確的，缺點也能轉化成優點。

給員工工作的自由度

「員工優點的發揮，需要一個比較寬鬆的工作環境。優勢型經理人認為，要給員工工作一個合理的自由度。」陳經理說。

我插話說「在目前的企業管理實踐中，經理人常常忽略了一個基本的問題，即人人都有一種實現創造的需要。」

「是的。我們有些經理人，只需要員工按部就班，無須發揮什麼創造性才能，內容、方法、步驟，一切都要求按照現存的準則和規範。於是，員工便像一架機器，每天都按照一定的程式機械式運行著。員工的創造性、主觀動機與上進心，便隨著機械式的工作而慢慢淡化，最後消失殆盡。」陳經理說。

「但沒有準則和規範，企業管理也是無序的啊。」我說。

「從某種意義上說，一個企業如果沒有一整套嚴格的管理制度，沒有能嚴格約束全體員工的準則和規範，那麼，這個企業也就不會有『戰鬥力』。但也這應該有一個限度。」陳經理的話使我想起了我在第一個公司工作的情景。

那時，我們做什麼事情，都有一個標準的程序和步驟，沒有誰可以越雷池一步。久而久之，我們的創新能力退化了，我們的主動性喪失了。因為我們不需要思考，也不需要改變。

陳經理補充說「一般地說，在原則問題上，應該而且必須有一整套嚴格的規章制度和準則規範，但在日常具體的經營中，經理人則只需要控制目標的方向，方法應由員工自由選擇。」

我問「給員工工作的自由度，意味著什麼？」

陳經理答說「給員工工作的自由度，目的就是要讓員工在工作中有時間、空間、方法等方面自由選擇的權利，讓員工在具體目標的實施中能最大限度地發揮自己的主觀能動性，展示自己的優勢和才能，形成自己的特色。」

我問「為什麼？」

「比如，一個員工要達成某項工作的目標，是有各種方法可供選擇的。」陳經理沉思了一會兒，繼續說道，「然而，究竟採取哪種方法才能順利完成，是需要周密思考，認真實踐的，這一過程正是一個員工得到鍛鍊提高的機會。如果把實施的方法都事先做出決定，只是讓員工去照章執行，也就無所謂對員工進行優勢導向，而且還有礙於員工的主觀能動性的發揮。而應該讓員工根據自己的優勢、才能及目標實施過程中的具體情況，作出自由的選擇。」

經理人要鼓勵員工在工作中思考問題，引導員工積極地尋求最佳的方法。

為他鼓掌

「優勢型經理人和我講過這樣一個故事：有一名員工，他剛到公司時，曾十分努力地工作，但每當他圓滿地完成一件工作後，既沒有人讚賞他，也沒有人為他鼓掌，時間一長，他的工作熱情也隨之慢慢地淡化。」

「幾年後，公司換了一個新的經理人。恰巧，在新的經理人任職的第一天，這個員工克服了一個技術難題，經理人在全體員工面前為他鼓起了熱烈的掌聲。這掌聲，重新燃起了他的工作熱情。」

「此後，每當他圓滿地完成了一件工作後，經理人都要為他鼓一次掌。這個員工私下裡對朋友說，不知怎麼搞的，一沒有表揚，二沒有獎金，工作就是有勁。」陳經理用徵詢的目光看著我，「你知道為什麼嗎？」

「這位經理人深知掌聲對員工的激勵作用，他巧妙地運用了這種作用。」我回答道。

「我們知道，當一個人被別人讚美時，必定會心生感激而發奮工作的；同樣，如果一個的成績被別人忽略了，也一定會感到遺憾，甚至抱怨。」陳經理說，「優勢型經理人常常告誡我們，要及時地為員工的成績鼓掌。」

「這一點非常重要。」我非常讚賞優勢型經理人的做法。

陳經理說「心理學告訴我們：當一個人受到讚譽時，心中會產生一種愉悅的情感，從而建立起信心，並在新的工作中更能做得有聲有色，獲得更佳的工作績效。員工的工作艱辛而又單調，如果不能及時地得到經理人的肯定和讚美，就很有可能因工作的枯燥乏味而削弱其工作績效，影響企業目標的實施。」

我問「是不是經理人所有的掌聲都有如此的奇效呢？」

「這當然不是。比如說，缺乏真誠的掌聲、過時的掌聲等，不但不會產生激勵的效應，反而會使員工產生反感。因而，經理人在為員工的工作成績鼓掌時應特別注意以下幾個問題：首先，態度應該是真誠的，要讓員工感到你的掌聲是發自內心的，沒有半點做作和虛偽；其次，要掌握好『度』，不能過於熱烈，也不能輕描淡寫，更不能隨意地鼓掌；第三，要及時地鼓掌，不能時過境遷，也不能在沒有產生工作績效以前，這樣，會使人感到一種壓力或者認為你的態度不誠懇。」陳經理回答道。

「及時誠懇地為每一個員工的成功鼓掌。」我點了點頭。

牢騷的價值

「你以上所說的都是針對優點明顯的員工，面對一時優點還不夠明顯的員工，優勢型經理人又是怎麼做的？」我故意將話鋒調轉了一個方向。

「我跟你講一個故事吧。」陳經理年齡不大，說話時語氣卻顯得有點慢條斯理，「公司有一個血氣方剛的年輕員工，來公司的時間不長，牢騷卻不少。因而，得到了

『牢騷大王』的雅號。」

「那優勢型經理人的態度如何？」我顯然有點急。

「優勢型經理人對他的牢騷很有興趣。」陳經理故意停頓了一下，用眼光看了我一眼，「他沒有簡單地批評他，而是把公司裡平時愛發牢騷的幾位元員工集合起來，成為優勢型經理人的一個『智囊團』，並且由這個『牢騷大王』負責。」

「優勢型經理人認為，員工之所以發牢騷，其主要原因有二：一是上下溝通的管道不暢通，員工中的一些合理的意見和建議得不到及時的反映和重視；二是經理人在工作方法上有缺陷，使員工產生不滿情緒。因而，尊重和關注員工的牢騷，及時地採納員工牢騷中有價值的成分，是優勢導向的又一表現。」

「它既可以暢通上下溝通的管道，及時發現經理人在工作中的不足，又可以密切經理人和員工的人際關係，形成心理相容的良好氣氛，從而激發員工的主角意識。更重要的是，員工的牢騷中往往包含著他的一些優點。」陳經理語氣驕傲地說。

「那這個員工後來怎麼樣？」我追問道。

「『智囊團』成立以後，他的牢騷得到了優勢型經理人及時的關注，牢騷中那些合理的意見和建議，也得到了及時的重視和採納，他的牢騷也漸漸地少了。不久，他和『智囊團』裡的幾個員工均被評為公司的優秀員工。」陳經理說。

說實話，我對優勢型經理人獨特的管理理念是心悅誠服的。

「牢騷是有價值的，不管你從何種角度來看，它都是有價值的。」陳經理看我在沉思，說道，「優勢型經理人說：一是它真實地反映了員工內心的真情實感，是經理人的一面忠實的鏡子；二是它毫不掩飾道地出了員工的個性和優勢，為經理人的管理工作提供了可信的第一手材料；三是牢騷中往往包含著許多真知灼見，是經理人從正常管道難以獲得的智慧和建議。」

「那麼，經理人如何正確地評價員工的牢騷呢？」

「優勢型經理人的做法是獨特的。」陳經理故意賣了個關子。

「一是考察員工牢騷的緣由，是因為他的合理建議得不到採納，或者他的工作績效沒有獲得公正的評價，還是因為員工個人的欲望沒有得到滿足？如果是前者，優勢型經理人就會及時地改進他的工作方法；如果是後者，優勢型經理人則應及時地對該員工進行批評教育，使其認識到自己的不足，並指導他改正錯誤。

「二是及時發現員工牢騷中的合理價值，是否對企業工作有益，如果有益，則應及時採納，並對牢騷者進行積極的導向；如果對企業工作不利，則應及時地糾正，以消除消極心理的影響。」陳經理回答道。

員工自我激勵的誘導

「來自外部的激勵能解決員工的一切問題嗎？」我追問道。

「很顯然是不能的。優勢型經理人知道，我們的經理人，常常只看到了激勵的一面，而忽視了激勵的另一面；只重視了經理人對員工的不斷激勵，而忽視了員工自我激勵機制的建立。」陳經理說，「優勢型經理人認為，經理人對員工工作績效的不斷激勵，無疑對發揮員工的優勢和積極性是極有意義的。但這種激勵如果長時間地只來源於經理人單一的一個方面，那麼，當員工習慣了這種激勵以後，其效果就會大大削弱。」

「是啊，外因能使人一時處於優勢狀態，但無法使人自覺地進入優勢狀態。」我說。

「的確，優勢型經理人認為，只有內因發揮作用後，才能使一個人進入自覺狀態，自覺地發揮優勢，自覺地調整方向。」陳經理說。

我興趣盎然地聽著陳經理的介紹。

「優勢型經理人主張對員工進行雙向激勵，即既要對員工的工作績效進行不斷的激勵，更要誘導員工進行自我激勵，建立員工自我激勵的機制，使員工在工作中能不斷地自覺調整自己的言行。」陳經理說，「這樣，激勵才能真正發揮出它神奇的力量。」

「那麼，怎樣誘導員工進行自我激勵呢？」我問。

「優勢型經理人的做法是：第一，為員工創造一個成功的機會，讓員工在不斷取得的成功中建立對工作的自信心，從而達到自我激勵的目的；第二，給員工展示企業發展的願景，誘發員工對工作的濃厚興趣，使員工的工作積極性和對企業未來的嚮往與自覺的工作熱情融為一體，成為員工進行自我激勵的情感基礎；第三，激發員工的主角意識，誘導員工積極參與企業事務的管理與決策，強化企榮我榮的意識；第四，及時地回饋員工的成長過程，讓員工看到自己成長的足跡，使員工建立更為明確的奮鬥目標。」陳經理回答道。

優勢型經理人說：自信、自強、自覺的敬業精神，來源於員工的自我激勵。

我的感悟

一個人的成長有他的軌跡，一個人的墜落也有他的軌跡；一個人事業的成功有他的軌跡，一個人事業的失敗也同樣有他的軌跡。正如自然界的萬事萬物都有它們各自的規律一樣，每一個員工都有自己的發展軌跡。但如何使每一個員工的發展軌跡都鐫刻著成功的足跡，都閃爍著收穫的喜悅，這就需要經理人對每一個員工進行正確的優勢導向。

人是各種因素的總和，是他的能力、個性、氣質、情緒、健康狀態和經濟狀態等各種因素的綜合體，每一個因素的變化，都會在不同程度上影響到他的工作和成長。員工優勢導向的魅力，就在於充分地展示作為個體的員工的優勢，透過正確的導向，使其轉化為優秀的工作績效，從而促進作為個體的員工的成長。

第十四章　團隊的優勢導向

S W O T

共同的願景

陳經理的介紹，使我頗為深入地了解了優勢型經理人對員工的優勢導向的基本思路和方法，說實話，這次和陳經理的交談，使我受益匪淺。為了了解優勢型經理人對團隊優勢導向的情況，第二天一上班，我便按照優勢型經理人給我的名單，來到業務部蘇經理的辦公室。

一直被員工譽為「青春偶像」派的蘇經理，渾身上下充滿著一種青春的活力。他看見我後，便熱情地迎了上來。

「員工優勢的發展構成了團隊的優勢，『優勢導向』也就進入了更高一級的層次，即對團隊優勢的導向。」蘇經理胸有成竹地說，很顯然，他對我的到來，是早有準備的。

「是的，我正是為這個問題而來的。優勢型經理人對團隊優勢是如何導向的？」我也單刀直入，直奔主題。

「優勢型經理人的第一個策略，就是在每一個團隊中建立一個共同的願景。」蘇經理說，「了解員工心裡的共同追求，把握員工的潛在願望，制定出團隊成員的共同目標，是團隊優勢導向的首要措施。」

據我了解，蘇經理是一個非常優秀的團隊領袖，對團隊優勢的導向有著他獨特的理解。

我說「團隊的優勢是員工的優勢通過有效的組合後的結晶。」

「但是，員工的優勢各具特色，都具有各自的優勢流向。因而，如何才能使各具特色的員工優勢流向彙集成團隊的優勢流向，優勢型經理人認為，這就迫切需要有一個能凝合團隊成員的優勢的企業願景。」蘇經理說。

「那麼，這個願景應該具備怎樣的特徵呢？」我問。

「在優勢型經理人的目光中，這個願景必須具有如下特徵。」蘇經理語氣肯定地說，「一是符合企業整體目標的要求；二是能反映團隊成員的共同願望；三是能把團隊成員的優勢納入目標進程。有了這個願景，團隊成員就會充滿活力，散發出智慧和力量，創造出良好的工作績效。」

「的確，一個有魅力的企業願景，能有效激發員工的優勢。」我說。

「優勢型經理人認為，光有願景還不夠，經理人還必須不斷地強化團隊成員拚搏的意識，及時地把握住團隊成員的潛在願望。」蘇經理說，「經理人應該深入到團隊成員中去，和他們交朋友，認真聽取他們的意見和建議，了解他們的思想、工作、生活乃至個性的發展情況，從中找出激發員工優勢的突破口，並採取樂於為員工接受的方法和措施，使各具特色的員工優勢在共同的願景下，形成充滿生機的團隊優勢。」

聽著蘇經理的介紹，我感到一個好的願景是經理人進行團隊優勢導向的關鍵。

注入共同的價值觀

我端起蘇經理早已為我斟好的茶，慢慢地喝了一口，一股淡淡的清香當即沁入我的心扉。

「一個企業，是由各種不同的團隊組成的，這些團隊各式各樣，互有千秋。正確地發揮這些團隊的優勢，是提高企業經營績效的有效措施。但如何正確地發揮它們的優勢呢？」我問。

「人是受一種固有的『二重性』所驅使的：他既需要作為一支獲勝的團隊中的一名合群而順從的成員，又想使自己成為這個團隊中的一顆明星。」蘇經理回答道，「優勢型經理人認為，給團隊員工注入共同的價值觀，正是符合這種『二重性』的需要。」

「是的。」我附和著說。

「共同的價值觀的確立，並非一朝一夕的事情。」蘇經理說，「優勢型經理人的做法是，適時、持之以恆灌輸這種價值觀給員工，直到每一個員工都做出好的業績。」

「注入共同的價值觀給團隊員工，應該注意些什麼？」我問。

「優勢型經理人說，一是價值觀要具體明確。一個團隊必須有共同的價值觀，首先是企業文化的集中表現，能體現公司的經營特色和員工的共同心願，看得見摸得著，但又具有較高的層次性。」蘇經理回答道，「二是注入的方式方法要靈活多樣，為員工喜聞樂見。如舉行員工聚會、演唱企業歌曲等，也可舉辦企業文藝晚會、員工體育運動會等活動，通過這些活動，使員工潛移默化地接受共同的價值觀。」

我說「活潑多樣的活動，是團隊價值觀形成的有效途徑。」

「優勢型經理人認為：如果一個公司的各個團隊成員都具有較強的共同的價值觀，那麼，它對企業總目標的實施，將產生出巨大的績效。」蘇經理說。

「經理人應給每一個團隊注入共同的價值觀。」優勢型經理人如是說。

能人效應

作為人力資源部門的管理者，蘇經理對優勢型經理人的管理理念和方法，是有獨到的認識和看法的。

蘇經理笑了笑說：「在企業的各種團隊中，有一類結構鬆散的小群體，很值得我們注意，即『能人群體』，也就是我們常說的優秀員工，或稱骨幹員工。他們都具有真才實學，能夠在工作上獨當一面。

「這個群體，人數雖少，但號召力卻極大。如果我們在企業管理中，能夠充分地發揮他們的作用，那麼，一個能人就是一個榜樣，一個能人就能帶出一批能人，形成『能人效應』。」陳經理越說越激動，我也聽得非常入迷。

「那優勢型經理人對此有什麼好的對策？」我總想問個究竟。

「首先，優勢型經理人非常重視對員工團隊的考察，把有一技之長的員工，都根據其優勢特徵，按照『各展其能，各施其才』的原則，進行適當的工作調整，使其充分地發揮他們各自的優勢。」

「其次，在具體的工作過程中予以幫助，為其提供便利的條件。」

「第三，在輿論上給他們以鼓勵和支持，以消除他們的思想負擔，敢於出頭。充分發揮『能人效應』，這是優勢型經理人在實施團隊優勢導向管理中的一個重要措施。」蘇經理介紹道。

「我覺得，這的確是一個非常有效的措施。」我說。

「優勢型經理人認為，每個員工都具有別的員工所不曾有的優勢。」蘇經理微笑著說，「發揮『能人』員工的真正價值，不在於單純地發揮這群『能人』自身的作用，而在於使這群『能人』和一般員工透過相互刺激和相互啟發感染，謀求創造一種良好的心理氛圍，以提高團隊成員的工作水準。」

我饒有興趣地聽著蘇經理的介紹。

「要達到這個效果，優勢型經理人說，首先，必須在企業建立一種良好的企業文化；其次，要努力推廣『能人』的好的精神和工作方法，並加以激勵和表彰；第三，要激發員工向『能人』學習的熱情，引導員工在同事之間以自行發起的形式表揚自己。」

「能不能這樣理解：『能人效應』的發揮，是經理人管理職能的又一開拓，也是員工自我管理的又一前景？」我頗有感觸地問。

蘇經理微笑著點了點頭。

沉默的中間層

「優勢型經理人認為，在企業的各種團隊中，有兩類結構鬆散的小群體，一類就是我前面提到的『能人群體』，一類則是『沉默的中間層』。」蘇經理說。

「而且，『沉默的中間層』所占的比例最大。」我說。

「是的。這一類員工占的比例相當重。他們不出頭，也不落後，因而也使得經理人往往忽視了這一大批上下不沾邊的踏踏實實工作的員工。他們很少受表揚，但也很少被批評。」蘇經理說，「其實，正是這群默默無聞的員工，構成了企業發展的主要動力。」

我說「是的。」

蘇經理說「優勢型經理人認為，如果經理人能認識他們的『優勢基礎』，對他們進行積極的優勢導向，他們的優勢就會增強，企業裡也很快就會冒出許多『能人』，即優秀員工。」

「在我的人力資源主管的經歷中，我知道，在企業的每一個團隊成員中，都不乏才智卓著者，他們或社交能力很強，或行銷策劃不錯，或者克服技術問題頗有辦法等，但他們很多卻甘居中游，這是為什麼？」我對此的確很是困惑。

「優勢型經理人認為，這其實並非他們的本意，而是因為他們的這些優勢基礎未能得到有效的發揮而致。」蘇經理答道。

「他們的優勢為什麼得不到發揮呢？」我追問道。

「以往我們的經理人大都忽視了這一點，甚至可以說在某種程度上有意無意地挫傷了他們的自尊心，因而使他們的優勢壓抑下來了。優勢得不到發揮，內心又不甘寂寞，於是，便甘居中游。」蘇經理答道。

「針對這種情況，優勢型經理人採取了哪些措施？」我問。

蘇經理回答道：「第一，利用一切機會，讓每一個團隊成員充分地展示自己的才能和優勢，如技能競賽、演講等，並為他們制定適合於他們的能力和優勢的目標。當他們的優勢一旦顯露出來，便及時地予以激勵，以燃起他們被自己壓抑的渴望成功的欲望。」

「第二，創造一切條件，發揮他們的優勢，讓他們的才能有用武之地，做到有才能用，有才想用，有才願用。誘發他們發揮自己的優勢的自覺性。」

「第三，在企業建立一種競相奮發向上的價值觀，使他們能毫無顧慮地發揮自己的才能。」

「沒有誰甘居中游，也沒有誰天生就是能人，只要經理人對每一位員工都正確地實施優勢導向，只要經理人能有效地發揮每一位員工的優勢，他們都將成為企業的優秀員工。」我的職業生涯告訴我，這的確是一個真理。

「沉默的中間層是企業發展的主力軍，企業的發展，有賴於他們的優勢的充分發揮。」蘇經理來到他辦公室的窗前，望著窗外翠綠的樹葉，頗有感觸地說。

有效的溝通

和蘇經理聊著聊著，我們又談到了與員工間的溝通問題。據蘇經理介紹，溝通是優勢型經理人在實施優勢導向時用得最多的一種策略。

我說「說到溝通問題，我發現有些經理人，他們自己不願花工夫去尋求有效的溝通，卻總是抱怨員工不善於顯示自己的優點，因而使經理人無法進行激勵。他們習慣於坐等下屬的情況反映，別人報告一點，他們就激勵一點，使激勵顯得軟弱無力。」我說道。

「是的，而且這還是一個較為普遍的現象。」蘇經理答道，「優勢型經理人認為，優勢導向的目的，在於最大限度地發揮全體員工的優勢，經理人要及時地發掘員工的『優勢基礎』，這樣，有效的溝通就顯得十分重要。」

「溝通的方法和途徑很多，但要注意哪些問題？」我問。

「第一，要讓員工明確他們的工作目標，了解經理人對他們的期望。這樣，員工就能有效地發揮自己的優勢。同時，有效的溝通，還應要求經理人及時準確地發揮員工的優勢，並幫助員工發展自己的優勢。」

「第二，選擇合適的溝通情境。情境不同，溝通的效果也不同。經理人應慎重地選擇好溝通的情境，如辦公室、餐廳、林蔭小道，或者在一起聊天、下棋、觀看演出時，可以寫簡訊、打電話等，恰當的溝通情境，就可以產生出良好的溝通效果。」

「第三，選擇恰當的溝通時間。對員工來說，時間是寶貴的，經理人不應在他繁忙的時候去溝通，特別是青年員工在赴約會之前。應選擇在員工比較充裕的空餘時間，比如晚飯後、休息日等。」

「第四，利用不同的溝通工具：如企業報、Line 留言、電子郵件、手機簡訊等，或者透過講故事、打比喻，等等。」

我很敬佩優勢型經理人的細緻與細心：「這的確是一項非常人性化的工作。」

「在溝通時，優勢型經理人非常重視讓溝通的對象充分地發表自己的意見，並對他們的意見與想法表現出極大的興趣。」蘇經理說道。

「有效的溝通，有利於經理人及時掌握工作的進程，發現員工各自的優勢，使員工的要求和願望得到及時準確的回饋，從而為經理人的管理與決策提供最可信賴的依據，使經理人能更及時、更準確地激勵員工奮發進取，以促進企業整體工作的開展。」聽完蘇經理的介紹，我深有感觸地說。

增強團隊的士氣

「員工的優勢被激發後，優勢型經理人要做的事情是什麼？」我問。

「激發團隊的士氣。」蘇經理非常乾脆地回答道，「團隊士氣，是團隊所具有的一種積極的意志狀態，是團隊為達成目標的一種積極進取的精神；團隊士氣又是團隊成員的一種態度，是團隊成員對所在團隊的認同感、歸屬感和作為團隊成員為實現目標而具有的責任感和使命感。」

第十四章　團隊的優勢導向

「一個團隊，有了高昂的士氣，就能迸發出巨大的力量。」我說。

「是啊，一個團隊如果士氣低落，或全無了士氣，便會人心渙散，喪失戰鬥力。」蘇經理補充道。

我接過蘇經理的話說：「士氣高昂的團隊，其成員及團隊本身的行為，往往會有如下表現：一是團隊成員的參與意識強；二是團隊成員的工作積極性高；三是團隊行為呈積極的態勢；四是團隊的創新精神明顯。」

「你說得非常對，團隊士氣高，團隊的行為強度就大，其工作績效就明顯。因而，優勢型經理人特別強調增強團隊成員的士氣。」蘇經理語氣平和地說，「優勢型經理人認為，增強團隊成員士氣，要做好以下幾項工作：

「一、樹立協調一致的員工、團隊、企業的目標；二、建立團結和諧的團隊內部的人際關係；三、對團隊成員的正當要求的滿足與肯定；四、樹立公正的管理作風，強化民主管理。」

「如果經理人能做好以上幾個方面的工作，那麼，在團隊成員中就會形成一種高昂而又持續的團隊士氣，這個團隊的優勢就會迅速形成並得以充分地發揮。」我答道。「是的，高昂的團隊士氣，能使每個團隊成員的優勢發揮處於自覺的、最佳的狀態。」蘇經理說。

協調有序競相發展

「一個企業，是由眾多的團隊構成的，每一個團隊都是企業發展進程中的不可分割的組成部分。企業的發展，有賴於各個團隊的通力協作；企業經營績效的取得，有賴於各個團隊的優勢的發揮。」我說。

「優勢型經理人說，這就要使所有的團隊都能協調有序、競相發展，使每一個團隊的優勢，都能匯聚到企業整體目標的實施。」蘇經理說。

蘇經理停了一會兒繼續說：「一些經理人在這個問題上，存在著一種片面的觀念，認為只要發揮少數幾個骨幹團隊的優勢，就能以點帶面，因而，把眾多的非骨幹性的團隊擺在無關緊要的位置上，任其發展。優勢型經理人認為，這是經理人管理工作中的一種誤區。」

第十四章　團隊的優勢導向

我很認同優勢型經理人的這一觀點：「是的。」

「一個公司有許多小團隊，每一個成員都可能同時擔任多種不同團隊的角色，每個人都或多或少地具有多重的性格因素，同時，各個不同的團隊對他的態度又不可能是相同的。因此，他雖具有多重團隊角色，但他對每個團隊角色的態度、情感是大不一樣的，他歸屬於一個主要的團隊角色，其他團隊角色，對他來說，是無關緊要的。「這就不可能不影響到他對某個團隊的意識，從而使這個團隊產生不穩定的因素，削弱這個團隊的工作績效，影響目標的實施。」蘇經理說。

「正確的方法是什麼？」我問。

「讓每個團隊都作為目標實施中的一員，都在目標的實施過程中發展自己，發揮自己的優勢，使其協調有序，競相發展。」蘇經理說。

我問「要達到這個目的，經理人應注意哪些問題？」

蘇經理答優勢型經理人的做法是：

一、把每個團隊都置於企業目標中的主角地位，激發它們的主角精神，發揮它們的主角精神；

二、在目標實施的過程中，要明確每個團隊的職責，確立每個團隊的具體目標，並引導它們在達成企業目標的基礎上，努力發展自己的優勢；

三、建立優勢團隊的榜樣作用，使每個團隊學有榜樣。

「協調有序，競相發展，意味著各類團隊在公司整體目標的實施過程中，相互競爭，相互促進，共同提高。」我說。

「一個由協調有序、競相發展的眾多團隊構成的企業，其經營績效也一定是喜人的。」蘇經理說。

離開蘇經理的時候，我真有點戀戀不捨。

我的感悟

一加一加一等於？

你的回答肯定是等於三，但假如我問你一個人的力量加一個人的力量再加一個人的力量等於多少？那你的回答肯定有三個答案：一、大於三個人的力量；二、等於三個人的力量；三、小於三個人的力量。這就是我們常說的團隊行為與團隊績效。優勢型經理人所期望的是第一個答案。

在企業這個組織環境中，經理人所面對的不是一個個孤立的員工，而是許多正式的和非正式的團隊。這些團隊又都是由多個員工組成的，其成員都有各自的思想、情感與行為。成員行為會影響團隊，團隊行為也必然對成員產生影響。

同樣是三個人，假如是一個優秀的團隊，它的力量就大於三，而一個人心渙散的團隊，其力量就肯定小於三。調控好成員行為和團隊之間的關係，獲得良好的團隊績效，便成為團隊成員優勢導向的關鍵。

第十五章　整體的優勢導向

S W O T

管理團隊的整體威望

從蘇經理辦公室回來後，我又馬不停蹄地來到了總經理辦公室李主秘的辦公室，就整體優勢的導向問題，向李主秘請教。

李主秘的辦公室就在優勢型經理人辦公室的左側，雖不算大，但修飾得井井有條。看得出，這裡的主人是一個自信，但又很有素養的人。

「李主秘，優勢型經理人讓我來向你討教整體優勢導向的問題。」我開門見山地說。

三十歲出頭的李主秘，熱情而又沉穩。對我的突然到訪，他應對自如。

「整體優勢的導向，其基礎是建立在管理團隊的整體威望之上的。」李主秘很爽快地回答說，「一般地說，公司管理團隊的整體威望高，公司員工的凝聚力就強，工作的積極性就高，各項工作的績效也就好；反之，管理團隊的整體威望低，員工的凝聚力就弱，工作的積極性就差。這樣，公司和員工的優勢就難以發揮，因而，各項工作的績效也就不盡如人意。」

「是啊，誰會為一個平庸的管理團隊而積極工作呢。」我頗有感觸地說。

「所以，優勢型經理人強調要打出管理團隊的整體威望。」李主秘答道。

「那麼，管理團隊的整體威望指的什麼?」我問。

在優勢型經理人的心目中，管理團隊的整體威望主要是指：

一、管理團隊內部的凝聚力；

二、管理團隊的專業素質和管理能力；

三、嚴謹的工作作風；

四、對經營管理工作的創新意識；

五、與員工的心理相融等。

李主秘如數家珍地說道。

見我還有點茫然，李主秘繼續說道：「優勢型經理人認為，管理團隊成員之間的凝聚力、專業素質和管理能力，是形成管理團隊整體威望的不可或缺的因素。」

我若有所思地點了點頭。

李主秘耐心地介紹「優勢型經理人認為，管理者是員工的指導者，沒有較高的專業素質和管理能力，就無法指導員工的工作，更談不上發掘和導向員工的優勢。一個不甚稱職的員工指導者，就不可能獲得員工的尊重和愛戴；一群不甚稱職的指導者，就不可能取得企業的成功。」

「的確如此。」我很有感觸地回答。

李主秘說「管理團隊的整體威望，有助於管理團隊和員工之間建立一種相互認同的關係。有了這種相互認同的關係，企業的整體優勢就能最大限度地得到顯示和發揮。」

發揮各職能部門的優勢

我問「管理團隊的整體優勢建立後，各職能部門的優勢導向，便成了優勢型經理人的新目標，是嗎？」

李主秘說「是的。優勢型經理人非常重視企業整體優勢的導向，他認為，企業整體優勢是企業各職能部門優勢的整體發揮。」

我說「企業目標的組織與實施，依賴於各職能部門的創造性的努力。」

李主秘說「的確如此。優勢型經理人認為，一個優秀的經理人，絕非是事必躬親的管理者，他付出的應該是智慧以及原則問題上的正確導向，而非親自執行。」

我說「事必躬親的管理者，也不是一個優秀的管理者。」

李主秘說「企業的管理團隊，是由各職能部門組成的，各職能部門的優勢匯集成企業管理的整體優勢。因而，在企業管理中，經理人必須發揮各職能部門的優勢，並將其優勢導向到企業管理的整體目標上來。」

「各職能部門都有自己的優勢，這一點我是深有體會的。但如何將其導向到企業整體的管理目標上來，的確不容易。」我望著李主秘自信的目光，探尋式地說道。

「有一點應引起我們注意的是，發揮各職能部門的優勢，並不是把企業工作的整體目標分割給各職能部門，然後自己束之高閣。」李主秘說，「優勢型經理人掌握著目標的組織與實施的主動權和導向權，愛護和珍惜各職能部門的優勢，寬容和諒解他們在職能目標的組織與實施過程中的不足與失誤；並採取各種有效的措施，強化他們各自的優勢，引導他們的優勢朝著有利於他們自身、有利於企業工作的方向發展。」

「優勢型經理人的做法是：根據各職能部門的優勢現實，制定出既符合實際又能激勵他們奮發努力的目標，然後，在實施的過程中，充分尊重他們自己的意願和方法，尊重他們的所有的創造性的建議和措施，包括尊重他們的不足和失誤，讓他們毫無顧慮地各顯其才，各展其能，從而使企業的整體優勢得以強化。」

在李主秘的話語中，有一份熱情，還有一份自信。

企業文化的力量

「目前，有一些經理人已陷入或者正在陷入這樣一個錯誤的觀念之中，他們只注重對管理方法、組織結構和規章制度的建設和完善，認為只要引進先進的、科學的管理方法，制定嚴格的規章制度和構建合理的組織結構，便會取得企業管理的成功。」我接過李主秘的話說道。

「其實，這些經理人忽視了一個重要的問題，即企業文化的力量。」李主秘回答說，「企業文化，是指在一個企業內部所形成的獨特的，能夠為全體成員認同和共同遵守的價值觀、行為準則和思想作風的總和。它是一個企業的獨特風格或精神的集中表現，是一個企業的靈魂之所在，是企業發展最穩定、最有活力的基礎和無形的精神力量。」

我接著問「在優勢型經理人的管理理念中，是如何看待企業文化的？」

「優勢型經理人認為，無論是在員工優勢、團隊優勢還是整體優勢的導向中，企業文化都起著不可替代的作用，它是各種優勢的催化劑和助產士。」李主秘說。

我問「那麼，優勢型經理人是如何運用企業文化進行優勢導向的？」

李主秘回答道「優勢型經理人是一個非常注重企業文建設的經理人，他認為，優秀的企業文化，能夠充分地誘發出員工的優勢，培育員工的優勢，使員工、團隊及整體的優勢形成合力。作為經理人，應該善於發揮企業文化的力量。」

「如何才能善於發揮？」我追問道。

李主秘回答道，優勢型經理人說，發揮企業文化的力量，要做好以下幾項工作：

一、建立一個鼓勵支持員工充分發揮自己優勢的企業價值觀，引導員工積極地發現自己的優點，使其優點有一個成長的良好環境；

二、建立一個適合員工優勢發揮的企業管理制度，以制度的方式來保證員工優勢的發揮；

三、建立一個科學的激勵機制，對員工優勢的發揮進行激勵。

「一個企業管理的成功與否，在相當程度上，取決於這個企業的企業文化的優劣，經理人必須致力於優秀的企業文化的建立。」我若有所悟地說。

優勢互補

「有一個頗耐人尋味的故事。有一天，一個盲人和一個腿疾者不約而同地來到一條河邊，面對急湍的河水，兩人都頗感為難。兩人都要過河，但盲人不可能過去，腿疾者也不可能過去。怎麼辦？盲人和腿疾者協商了一番後，決定由腿疾者指路，由盲人背腿疾者過河，結果很順利地渡過了這條河流。」我頗有點得意地看了李主秘一眼。

「優勢型經理人經常給我們提到這個故事：盲人的優勢是腳，腿疾者的優勢是眼睛，將盲人腳的優勢和腿疾者眼睛的優勢進行優勢互補，便彌補了盲人眼睛的劣勢和腿疾者腳的劣勢。優勢得到發揮，劣勢得到改變，成了一個新的優勢形象。」李主秘顯然比我更熟知這個故事的意義。

「優勢互補在優勢導向中佔據什麼位置？」我問。

「在企業管理中，優勢互補是優勢型經理人進行優勢導向的一條重要的原則。」李主秘說，「優勢型經理人認為，企業裡的每一位員工，每一個部門或團隊，都有他們各自的優勢，不可否認，他們也都有著各自的劣勢。正如一個人不可能是一個完人一樣，他們的優勢也不可能是完美的優勢。因而，在企業管理中，經理人要有效地進行互補導向，以使優勢得到強化，使劣勢得以削弱甚至消除，形成企業新的優勢形象。」

「如何進行互補？」我問。

「優勢互補，在於合理地取長補短，變劣勢為優勢，發揮企業整體的力量。」李主秘說。

「優勢型經理人的做法是，首先了解企業的員工、各職能部門或團隊以及企業工作的各個方面的優勢和劣勢；其次，根據目標實施的要求和特點，進行優勢組合；三是注意強弱的搭配，以強帶弱，以強化弱，使劣勢最大限度地轉化為優勢。」李主秘補充道。

我說道「優勢互補，是發揮優勢、轉化劣勢的有效措施之一。」

整體優勢的選擇與導向

「但有一點，要引起我們的注意，並不是所有的優勢都是企業的所需。」李主秘說，「優勢型經理人認為，企業需要對整體優勢進行選擇性的導向。」

「就是根據企業發展的特色和目標，來進行整體優勢的選擇與導向，是嗎？」我問。

「是的。企業整體優勢的選擇與導向，是指企業管理者在確立了企業的形象與發展目標之後，圍繞著實施企業的發展目標而對企業各方面的優勢所進行的最佳組合與開發。」李主秘回答道。

我說道「如何進行選擇與導向呢？」

「每個企業都有它多方面的優勢，特別是在員工優勢和團隊優勢得到有效的導向之後。這些優勢，或多或少、或明或暗地構成了一個企業的特色與發展基礎。」李主秘說道，「這個時候，優勢型經理人總是及時準確地抓住這些構成企業特色與發展基礎的優勢，通過最佳的組合與開發，使其成為企業獨具的特色與優勢氣候。」

我聽著李主秘的介紹，心裡的感觸很深。

「企業整體優勢的選擇與導向，要求經理人要準確地把握企業的優勢發展方向，並根據企業的優勢發展方向，及時地調整企業的發展目標，使其達到相互吻合的狀態。」李主秘說，「下面幾種優勢可供經理人在企業整體優勢的選擇與導向時參考：一、有利於形成企業特色的優勢；二、有利於強化企業凝聚力的優勢；三、有利於人際溝通的優勢；四、有利於開發企業優勢的優勢。」

「整體優勢的選擇與導向的優劣，直接影響到企業管理的品質，經理人必須予以高度的重視。」我在內心裡默念著。

我的感悟

建立管理團隊的整體威望，是整體優勢導向的一個重要的手段。

企業管理團隊的整體威望，是企業全體員工的精神面貌以及企業經營的整體水準等方面的集中表現，它直接影響著企業員工的凝聚力和向心力，影響著企業員工對公司的信念和信心，影響著企業的目標與績效。企業管理團隊良好的整體威望，將產生良好的工作績效。

建立管理團隊的整體威望，還意味著經理人在企業管理中，使企業的各種優勢都能得以充分的展示和發揮，意味著最大限度地減少企業的劣勢，打出企業的特色。

建立管理團隊的整體威望，是優勢導向的又一新的起點，用管理團隊的整體威望，去激勵企業員工的優勢，去推動企業各項工作的開展。

第十六章　新優勢的導向

S W O T

新的目標需要新的優勢

走訪完陳經理、蘇經理、李主秘後，我對優勢型經理人的管理理念和方法，又有了新的了解。正如劉祕書所說的那樣，隨著對優勢經理人的了解越深，我的感觸和體會也就越深，離實現自己當一個優秀的經理人的目標，也就越近。

我驚歎於優勢型經理人對現代企業管理的獨到的理念，敬佩優勢型經理人對企業員工人性的理解與尊重，更驚服於優勢型經理人匠心獨具的導向策略。

正當我準備離開的時候，李主秘對我說：「你最好去被大家譽為『專家型』員工的小王那裡，我相信他會給你一個新的驚喜。」

於是，我又趕到被大家譽為「專家型」員工小王的辦公室。

小王一見到我，便熱情地上來迎接，使我的心裡湧出了一股暖流。

「新的目標需要新的優勢。」小王開門見山地說。

「是啊。當員工個體、團隊以及整體的優勢導向之後，我們就需要及時將這種導向所產生的動力引向新的優勢。」小王說，「這就是優勢型經理人的新優勢導向。」

「新優勢導向就是引導員工不斷地向新的優勢遷移，是嗎？」我問道。

員工的新優勢導向

「是的。當一個員工的進步方向與企業的經營目標保持一致，並且產生出良好的績效時，作為個體員工的優勢導向便進入了最佳的狀態。這時，員工的優勢得以充分地轉化為工作的績效。這是優勢導向的第一層次，即對員工現有的優勢的發掘和發揮。」小王說。

「我知道，企業工作的發展是永無止境的，企業工作對員工優勢的需求也隨著企業工作的變化而變化。」我說。

「新的工作目標呼喚著員工新的優勢，員工的新優勢，又塑造出企業新的經營面貌，從而推動企業的經營不斷地向前邁進。」小王的神態非常專注，他說，「對員工現有優勢的發掘和發揮，將使員工的優勢基礎日益雄厚，從而形成新的優勢基礎。

這樣，對作為個體的員工的新的優勢導向，便成為經理人開創企業工作新局面的重要手段。」

「那麼，員工的新優勢導向指的是什麼？」我問。

「當作為個體的員工現有的優勢得到充分地發揮後，根據企業的發展和個體員工的進步方向，對員工進行新的優勢誘導，建立新的優勢基礎，使員工以新的優勢投入新的工作，獲得新的工作績效。」小王回答道。

小王喝了一口水，然後慢條斯理地繼續說道：「員工新優勢導向的含義有兩層：一是當一個員工某一方面的優勢進入最佳狀態時，經理人要及時地進行『優勢遷移』，使他不僅在單一的一個方面具有優勢，而且要引導他進入綜合的新優勢；二是根據企業的發展需要，說明員工樹立有助於企業發展的新優勢。」

「這就是說，當員工現有的優勢得到發揮後，經理人要借助於這一時機，對其進行新優勢的導向。」我說。

「不錯。優勢型經理人認為，經理人既要洞察員工的優勢流向，又要把握企業的發展方向，更要在這兩者之間架起一座嶄新的橋樑。」小王說。

「優勢型經理人採取了哪些措施？」我追問道。

一、及時地採納和支持員工的合理的新建議。新的優勢基礎往往就包含在這些合理的新建議之中，它至少說明了兩個問題：第一，員工具備了產生新優勢的心理基礎，一個不思上進的人是提不出任何合理的新建議的；第二，初步顯示了這個員工新優勢萌生的因素，經理人只要仔細地考察他的合理的新建議，就能發現他的新優勢的基礎。

二、把握好導向的時機。並不是所有的時候都會誘發新的優勢，新優勢的萌生是有契機的。比如，一個目標達成的時候，員工由於受到成功的激勵，便很容易接納或誘發出新的優勢因素。經理人只要及時地引導員工抓住這個契機，並尋找機會強化他的新的優勢因素，一種新的優勢便會應運而生。

三、把員工的新優勢納入企業的目標進程中，讓它在企業目標的土壤中汲取營養，扎根生長，結出豐碩的果實。

小王一口氣介紹了優勢型經理人的三條措施。

「員工的發展需要新的優勢，企業的發展也需要不斷地激發出員工的新優勢。」

我知道員工新優勢的激發對企業的發展是至關重要的。

團隊的新優勢導向

「隨著員工新優勢導向的深入，員工的新優勢基礎必然日益雄厚，員工與員工之間新優勢的認同感也必然日益強化，從而形成一個初具共同流向的團隊的新優勢基礎。」小王很激動地又拋出了一個新的話題。

「如何理解團隊新優勢的導向？」我問。

「團隊的新優勢導向，是指對團隊的新優勢基礎及時地強化和導向，使個體的新優勢昇華為團隊的新優勢，進而轉化成明顯的團隊績效。」小王解析道。

「和員工新優勢的導向相比，團隊新優勢的導向有什麼不同？」我打破沙鍋問到底。

「作為團隊，不論是什麼形式的團隊，它都是由兩個或兩個以上的員工個體組成的，因而，團隊新優勢的導向比員工新優勢的導向更顯得複雜和重要。複雜，在於它不再是員工新優勢的單純顯現，而是整個團隊成員的新優勢的有效組合；而它的重要性，則在於團隊新優勢的導向，架設了員工新優勢和企業整體新優勢之間的橋樑，使員工的新優勢凝聚成更有力量的團隊新優勢，並直接服務於企業的總目標。」

小王的回答條理清晰。

「要使員工的新優勢凝聚成團隊的新優勢，有賴於團隊成員間的思想、情感和對新優勢的認同感的一致性。這就需要採取相應的措施。」我說。

是的。優勢型經理人的策略是：

一、及時地更新團隊成員共同的價值觀。員工的優勢昇華了，其共同的價值觀也要隨之昇華。新的價值觀，會使團隊的新優勢更富魅力。

二、更新團隊的目標。把團隊成員達成一個目標後所獲得的激勵力量作為團隊新優勢的基礎，導入更新更高的目標之中，從而形成新的優勢氣候。

三、建立合理的競機制。在團隊成員之間開展合理的競爭，發揮團隊的創造性和積極性。

小王不愧為一個專家型的員工，他對優勢型經理人的管理理念和方法總有獨到認識和理解。

「在合理競爭的機制中，每個團隊成員都渴望獲得最佳的績效。同時，由於競爭機制像一條鏈環一樣，一環扣著一環，因而，使團隊成員無法停留在一個現有的工作績效上，而必須不斷地發揮自己更深層的潛能，形成自己更新的優勢，才能不斷取得更新的工作績效，贏得競爭的勝利。」小王很自信地說，「這樣，團隊的新優勢基礎就得以日益雄厚。」

「在競爭的機制中進行團隊新優勢的導向，我非常認同這一做法。」我說。

團隊的新優勢導向有兩個任務：

一、建立團隊的新優勢，它來自於對員工新優勢的有效組合和發揮，來自於團隊成員在新的目標激勵下所產生的新的優勢基礎；

二、充分發揮團隊的新優勢，使其及時地轉化成更新的工作績效，推動團隊成員往前發展。

小王的回答使我對團隊新優勢的導向有了一個新的理解。

整體的新優勢導向

「員工的新優勢，彙集成團隊的新優勢，團隊的新優勢透過有效地組合，又成為企業整體的新優勢。」小王說，「企業整體的新優勢是員工、團隊及企業管理成員、文化、資源等新的優勢構成的優勢集合體。它充分體現出一個企業的充沛的活力與特色，反映出企業的創新意識與時代感。」

「每一個企業，無論其各方面的條件如何，都有一個不變的因素，即每一個企業都要向前發展，或者說，都必須跟上市場發展的步伐。」我說。

「優勢型經理人認為：每一個經理人都不能滿足於對企業現有優勢的發掘與利用，而必須根據市場競爭的需求和企業經營的發展要求，不斷地構築出新的優勢；同時，還要使各種新的優勢因素，凝聚成一個整體的新優勢，以推動企業的發展，適應競爭的需求。」小王答道。

「那麼，什麼是整體的新優勢導向？」我問。

就是透過對企業和員工的新優勢因素的發掘與強化，引導全體員工奔向企業更新的目標；通過對企業文化、資源等新優勢的協調與開發，把企業的經營目標導向一個新的里程碑。小王說，它包含兩個方面的內容：

一、『人』的新優勢導向和『企業』的新優勢導向。『人』的新優勢導向，是指員工、團隊和整體的新優勢的有效組合與開發。『人』的新優勢導向是企業整體的新優勢導向中最重要、最活躍的組成部分，是企業整體的新優勢導向的主體。

二、『企業』的新優勢導向，則是指企業文化、資源等的新優勢的形成與發展，促進『企業』的新優勢的形成與發展，『企業』的新優勢的形成與發展，又不斷地激勵著『人』的新優勢的形成與發展。

我問「有什麼需要注意的嗎？」

小王答道「經理人在實施企業整體的新優勢導向的時候，應注意『人』與『企業』的有效配合和相互影響，以形成整體的新優勢效應。」

「導向的策略是什麼？」我問。

一、以市場競爭的需要和企業發展的要求為目標。經理人在實施導向的過程中，不能滿足於現有的優勢績效，而應時時刻刻以企業發展的需要為衡量企業整體優勢發揮的尺度。在一個目標達成之後，不能卻步觀望，而要及時地導向新的目標。

二、選擇好企業整體的新優勢導向的突破口。任何一個企業，它不可能在各個方向都具有非常雄厚的新優勢基礎，新的優勢基礎只存在於企業工作中的某一個方面，這個方面便是這個企業整體新優勢導向的突破口。

三、透過優勢互補，形成企業整體的新優勢。比如，在一個目標達成之後，新的優勢基礎還未形成的時候，可以通過優勢的互補手段，誘發新的優勢因素，當新的優勢因素形成之後，也可以通過優勢互補，使新的優勢因素得以強化與發展，從而形成整體的新優勢。

「是的。」我附和著。

「企業整體的新優勢導向，只是企業發展的一個新的起點。當新的優勢得以形成和發展的時候，它便成為企業『現有』的優勢，因而，又要求經理人必須重新構築新的優勢。如此，周而復始，構成了企業的新優勢的發展軌跡，不斷地推動企業的發展。」小王補充道。

「聽君一席話，勝讀十年書啊！」我打心底佩服優勢型經理人，佩服優勢型經理人的團隊。

到這時，我才真正地發現，原來，在優勢型經理人的企業團隊中，每一個都是企業的「能人」，無論是陳經理、蘇經理、李主秘，還是小王或劉祕書。其實，他們也都不是沒有缺點的人，只是他們的優點得到了有效的發揮。

我忽然覺得，管理人的優點遠勝於管理人的缺點。這是工作的需求，更是人性的需求。

在和小王告別的時候，小王真摯地握著我的手說：「我衷心地祝願你早日實現自己的目標。」

我的感悟

對員工、團隊和整體優勢的導向，這只是優勢導向的第一步，真正成功的企業，是辨出有個性、有特色的企業，還必須瞄準更新的目標，形成新的優勢。

時代在不斷地向前發展，市場對企業經營的要求也在不斷地更新和提高。因而，要使企業經營適應市場的要求，經理人就不能滿足於對企業現有的和潛在的優勢的開發和利用，而應根據時代的要求和經營的規律，有意識、有計劃地將企業的優勢引向一個更新的目標，建立全新的優勢流向，使企業經營更上一層樓。

第十六章　新優勢的導向

第十七章　優勢導向的批評藝術

激勵有兩個面向

拜訪完陳經理、蘇經理、李主秘、小王後，我對優勢型經理人的優勢導向的管理理念和方法，有了一個較為全面的了解。可以說，對優勢型經理人以優勢為核心的激勵策略，我是十分贊成和敬佩的。

企業管理的目的是什麼？我認為，是為了最大限度發揮員工的優勢，在發掘、培育、發揮和引導員工優勢的過程中，推動企業的發展。因此，優勢型經理人對員工優勢的激勵，是一種十分有效的管理方法。

一個人優勢的不斷成長，就意味著他的劣勢就會不斷減少。這就像一個人吃餅，你吃了三分之一，它就剩下三分之二，你吃了三分之二，它就剩下三分之一。人的優勢和劣勢也是一樣，優勢成長了三分之一，劣勢就減少了三分之一。

但人不是神，有優勢，也就有劣勢。因此，優勢型經理認為，在有效導向員工優勢的同時，也要關注員工的劣勢，也就是說，在激勵的同時，也要有效地運用好批評的藝術。優勢型經理人說：「激勵有兩個面向，一個是正面激勵，一個是負面激勵，批評就是另一種形式的激勵。」

為了進一步了解優勢導向的批評藝術，我又一次來到優勢型經理人的辦公室。

批評的目的：為了把工作做得更好

優勢型經理人非常了解我的來意，他開門見山問我，「批評的目的是什麼？」

「批評的目的是什麼？」說實話，我還真的不知道是什麼。

「其實，在我所遇見過的經理人中，我敢說，還沒有誰對此有一個真正明確的認識，他們大都把批評當做一種懲罰的手段。」我有些不好意思地問，「批評的目的究竟是什麼？」

「是為了把工作做得更好！」優勢型經理人見我一時回答不上來，便主動地強調，「如果批評只是一種懲罰的手段，那我們的批評就沒有任何意義。」

我問道「表揚不是能更好地激勵員工把工作做好嗎？」

「優勢導向也需要批評，就如同一輛汽車需要剎車裝置一樣，它的作用是限制劣勢的成長，防止優勢的衰退。可以說，表揚和批評是一枚獎章的兩面，有表揚就有批評，兩者缺一不可。所以，我們在進行優勢導向時，既要善用表揚，也要善用批評。」優勢型經理人說。

批評是一種期待

「假如我們要給批評定個調，你認為批評是什麼？」我問。

「我把批評理解為期待、交流和指導。」優勢型經理人答道，「假如你做了十件事，九件事做好了，一件沒做好，經理人因這一件事而否定其他九件事，那麼，你就會敷衍塞責，或者乾脆撒手不幹，『少做少出錯』嘛。假如因這一件事而否定你這個人，那麼，你就會產生一種強烈的對立情緒。因為他在你周圍設置了一個敵對環境，無論你怎樣努力，也改變不了他對你的印象。」

「是的，這種現象可以說是非常普遍的。」我說。

「我們在運用批評時，往往過多地顯示出了它的嚴肅性，而忽略了其中包含的人情味。」優勢型經理人表情嚴肅地說，「其實，批評首先是一種期待，是下屬的行為出現偏差時經理人不感到失望，而是希望他繼續做好工作的態度。」

優勢型經理人停頓了一下，繼續說道：「要讓員工體會到這是『一個有能力的人做了一件失誤的事』，即『對事不對人』。或者說：『這件事本來是可以做好的，但你沒有做好，希望你做得更好！』經理人批評的是具體的某件事，而不是那個做了錯事但可以改正有發展中的人，透過批評某件事，而寄希望於做了錯事的人。」

「作為期待的批評，有什麼特徵？」我問。

「我認為，作為期待的批評，有如下幾種情況。」優勢型經理人喝了一口水，然後態度和藹的說：

一、在員工脫離優勢導向進程，不思進取，工作不講究效率，沒有努力挖掘自己的潛能的時候，批評就是有效的壓力，是從反面激發員工的優勢。例如，整個團隊都在為一個目標而奮鬥，個別人卻置身事外，作壁上觀，這時的批評就是要求他參加到團隊的共同目標中去。這是基於信任和期望的批評，批評者應著重闡述自己的看法，表達對員工進步的期待。這種批評是溫和而有力的，是以展示成功的前景來改變可能導致退步的因素，是以期望表達失望之情。當員工一旦接納了來自經理人的期望，他一般不願使其失望，批評就產生效力。

二、員工在工作中出現失誤或者沒有達到預期目標時，批評應該就事論事，不允許批評人的動機。沒有誰喜歡招惹批評，故意去出錯。錯誤一般與動機無關，大多是方法上出了問題。批評也絕不能是對員工才能的否定，而應該是對其某項行為的評價。員工的成敗是很難用一些表面現象去判斷的，所以批評要適度，不能斷絕員工改進的後路。

三、在員工取得某些階段性成功而驕傲自滿時，批評應和激勵結合起來使用，一面是對成功的激勵，一面是對自滿的批評，這時的批評目的在於消除人的惰性，使員工的優勢不致停滯中斷。學無止境，優勢的發展無止境，因而，批評中包含的期待也無止境。

優勢型經理人一口氣說出了三個特徵，有理有情。

批評是一種交流

「善意的批評應該是坦誠的、平易近人的、上下級之間的一種相互交流。」我說。

「是的。交流式批評有兩種形式：一是對工作失誤的共同診斷。」優勢型經理人說，「例如，當員工在實現某個目標時無法達到預期的效果，影響了團隊目標的進展。這時，經理人可以和員工共同分析失敗的原因，檢查目標的確立是否科學，方法的使用是否恰當，或者是某個環節出現漏洞等，以期改進工作。」

「的確，有時員工的問題也並非他的自願。」我說。

「經理人知道了員工的失誤，就構成了一種壓力，但他參與對方失誤的診斷，壓力就轉化成為推動力。這是一種批評的藝術，它使員工在深感內疚的同時又得到了善意的支持和實際的幫助。」優勢型經理人說。

我說：「如果我們的經理人都能參與員工問題的共同診斷，那我們的批評效果就完全不一樣了。」

「二是共同討論某些現象。」優勢型經理人說，「批評並不總是需要直接使用評價性的語言，有時候，只要經理人找員工談話，詢問工作情況，這種形式本身就是一種批評。」「不用明白的批評語言，就意味著不直接指責員工的過錯，而是透過上下級的平等交談，理解對方的思想，作心智和情感交流。是嗎？」我問。

「對！」優勢型經理人回答道，「經理人獲悉了員工心理現狀後，就能夠對症下藥；員工理解了經理人的管理動機，將會自覺修正自己的行為。特別是在錯誤剛剛萌芽的時候，這種交流式的批評將以最小的壓力極有分寸地預先敲響警鐘，而不會因此挫傷員工的積極性。」

批評是一種指導

優勢型經理人說：

批評的基本形式通常有四種。

一、斥責式：指出下屬的過錯，給予嚴厲批評甚至懲罰。

二、提醒式：僅僅指出了錯誤，而語氣溫和。

三、命令式：錯誤要求立即改正。

四、指導式：指出下屬的錯誤並具體說明他改正錯誤。

我問「優勢導向宣導的是哪一種形式的批評？」

「我認為，最適合優勢導向的批評模式應該是『指導式』的批評。在指出問題之後，進一步引導被批評者找出問題的癥結，並幫助他找到辦法解決問題和改正錯誤。」優勢型經理人說，「這樣做的目的很明確，是為了把工作做得更好，而不是為了整人。是透過相互間的交流，進一步給予具體指導，以實現經理人對員工成功的期待。這其實也是在訓練下屬的自我管理能力和讓他分享你的管理才能。」

「批評是一種指導，這是一種全新的批評思維。」我非常讚賞優勢型經理人的這一觀點。

「從另一個角度來說，一個普通員工並不只是接受經理人的管理，各個層級都掌握著評判員工的權力，其中就包括批評的權力。」優勢型經理人說，「越是基層的管理人員，實施批評時，越要注意批評方式的有效選擇。只有指導式的批評才不致使員工產生反叛心理。」

「據我所知，級別越高的企業管理者，權力越大，越容易把批評變成『打官腔』。」我插話道。

「所以，優勢導向強調，經理人要深入實際，經常在管理第一線熟悉情況，做到批評時有的放矢，讓員工從批評中明確改進的方法和方向。」優勢型經理人說。

「從員工錯誤的類型來看，由於不負責任、怠忽職守而影響工作的情況畢竟較少，多數錯誤是工作被動、不思創新、不思進取、方法單一造成的。」我說。

「是的，一點也不錯。所以改正這些錯誤的最合理、最有效的批評方式應該是『指導式』的批評。這是企業各級管理人員實施批評的『優勢選擇』。」優勢型經理人肯定了我的想法。我忽然有點大徹大悟的感覺，心中好像有一股衝動在翻騰。

嚴總的批評為什麼總會在員工的心裡留下一段深深的傷痕，是因為，他把批評當成了一個種懲罰的工具。

批評不是懲罰的工具，它是引導員工成長的路徑。

我的感悟

人的優勢就像一棵樹，這棵樹要健康成長，除了要有光照、施肥、澆水等助長措施外，適當的抑制措施，如剪枝也是必不可少的。這就是激勵的另一面——優勢導向的批評藝術。

批評的目的是為了使員工的工作做得更好，這是一種全新的批評思維，而達到這個目的最好的批評方法就是指導式的批評。

把懲罰轉化成指導，批評也就成了一種激勵。

第十八章　你可以成為優勢型經理人

優勢導向沒有公式

這是一個風和日麗的日子，我和優勢經理人來到企業屬下的一個分公司。在優勢型經理人身邊待了兩個月後，我被任命為這個分公司的經理。

在即將告別優勢經理人的時候，我向他提出了一個新的要求。

「能和我談談你的優勢導向的管理思想是如何形成的嗎？」我冒昧地問優勢型經理人。

優勢型經理人微笑著回答道：「每一種管理思想都是在特定的情境中針對某種現實需要而孕育產生的，『優勢導向』理論就脫胎於我們目前所面臨的這樣一種現狀：當人力資源已經成為企業競爭的第一資源，企業的發展已經進入一個新的階段，即人力資源競爭的新階段。尊重員工，充分發揮員工的優勢，已經成為企業管理的焦點問題。在這個大氣候中，經理人如何更新自己的管理思想，採取什麼樣的管理手段，才能真正有效地尊重員工，提高員工在企業發展中的作用，就成為一個極需解決的問題。」

「人本主義的管理思想，越來越為企業管理者所重視。但如何實施人本主義的管理，幾乎還莫衷一是。」我說。

「是啊！我也發現，不少經理人採用的是『劣勢管理』的方法管理員工，眼睛只盯著員工的缺點和錯誤，主要精力用於維持企業的正常運轉，堵住漏洞和減少錯誤，而不是考慮怎樣發掘員工的優點和企業的優勢，有效地提高管理的效率。」優勢型經理人說。

「這兩種不同的管理思路對員工的身心健康和工作進步以及整個企業發展有著截然不同的影響。」我說。

「所以，我提出『優勢導向』的管理理念，目的是，使經理人從中得到某些啟發，更合理、更人性地管理員工，管理企業。」優勢型經理人說。

「優勢導向作為一門特殊的管理藝術，具有很大的靈活性和變異性。」優勢型經理人說，「只要你掌握了它的基本原則，經理人員完全可以在實踐中有所創新，發現更多的優勢導向的實施辦法，把握住現有優勢，走向成功。」

「如何理解『優勢導向沒有公式』？」我問。

「一個企業的優勢取決於人的優勢，而人的優勢是不斷變化的，在不同的時候面對不同的事務，每個人都不可能具有完全的優勢或處於絕對的劣勢。」優勢型經理人喝了一口水，繼續說道，「人的優勢發展是沒有極限的，永遠在優勢和劣勢的交替中進步，在取得了一次成功之後，優勢就成長了一分，在新的優勢上又可以爭取新的成功。

「此外，當個別員工被某一個目標群組合在一起時，個體的優勢要服從團隊的目標以組成團隊的優勢，這時優勢變化由於標準不同就更複雜了。因此『優勢』的變異性決定了『優勢導向』的靈活性，根本不存在一成不變的模式。在這個意義上，我說『優勢導向沒有公式』。」

「優勢導向沒有公式，優勢導向也不需要公式，只要你進入了情境，自然會遊刃有餘的。」優勢型經理人補充說。

「優勢導向」不只是經理人一個人的管理

「在一個企業裡，誰是『優勢導向』的實施者？」我問。

「答案應該是企業的整個管理團隊。因為一個經理人的管理風格，常常意味著一個企業的管理風格，但沒有基層管理人員的積極配合，經理人的管理思路就得不到貫徹和發揚，尤其是施行一種軟性的管理藝術時。」優勢型經理人說，「『優勢導向』不只是經理人一個人的管理，而是由經理人發動並主導的，由各層次的管理人員所接受並執行的一種企業管理的管理模式。這項新思路的系統性，決定必須由經理人、中層管理人員和基層管理人員共同構成一個導向系統，才可能最大限度地發揮企業的優勢，顯示『優勢導向』的潛在能量。」

「是否可以這樣理解：優勢導向其實就是一種全員的管理藝術？」我試探著問。

「也可以這樣理解。優勢導向的最終目的是讓員工學會『自我導向』，也就是使員工由被動地接受管理躍進為主動的自我管理。從這個意義上，它是一種全員的管理模式。」優勢型經理人說。

優勢導向所不能代替的

「如果我們從員工的角度來審視『優勢導向』的管理藝術，你對『優勢導向』的評價如何？」我問。

「作為一名員工，不論其現在的能力和成績如何，能感受經理人對他的高度信任，心理上將有極大的安全感。在經理人持之以恆的激勵下，他的一技之長將得到發揮，從而形成了自己的優勢，個人的價值就得到承認，工作就會變得愉快而有成就感。

「員工和經理人心理距離近了，上下溝通也就方便了，問題就能夠及時地得到解決。員工所處的『情境』為管理者所熟識，他的進步和努力就能及時地得到獎賞，他在面臨困境、遭遇挫折時夜將能得到及時的幫助。他不是僅僅依靠個人的力量去獲取成功，而是以自己的優勢狀態進入團隊，與同事們愉快地合作，在全員的發展中分享成功的喜悅。

「總之，『優勢導向』是員工所需要的、所悅納的一種管理藝術，它使人心情愉快，生活充實，工作具有創造性，促使每個人都成為自己所希望的那種人，即自我實現的人。」

「那麼，『優勢導向』有沒有侷限性？」我問。

「有！它作為一種管理藝術而存在，並不能代替企業其他的常規管理制度。也就是說它需要某些必備的常規制度作為基礎，如企業的各種常規制度、績效管理制度等。常規制度的健全，乃是優勢導向有效施行的保障，兩者關係密切。

「人性的弱點什麼時候都存在，而人的優勢並非永久存在，常規制度可以發揮制約『人的劣勢』作用。『優勢導向』是漫長而持久的過程，隨著時代的進步和企業發展的變化，優勢導向將不斷增添新的內容，同時，全員常規管理制度也將要隨之改變，以便適合優勢導向發揮效能。」優勢型經理人答道。

你可以成為優勢型經理人

「目前，在企業中存在著這樣一種困惑：一線員工不好找，管理人員素質差，高端人才缺。在這樣一種競爭環境下，經理人必須付出主要精力去培養員工，提高員工的成熟度，努力使每一個員工都成為優秀人才。『優勢導向』是不是為企業管理者提出的一條管理的新思路？」我問。

「的確是這樣。」優勢型經理人答道。

「那我可以成為『優勢型經理人』嗎？」我問。

優勢型經理人說。「你可以成為『優勢型經理人』，因為，發掘和導向優勢的能力是可以學會的。」優勢型經理人微笑著對我說，「你只要換一個角度去思考自己的工作：一個企業最重要、最有意義的不是產品、不是技術等，而是人；一個經理人在任期內所能留下的最大的、令人欣慰的效績仍是一支高素質的員工團隊，是引導每一位員工透過自身的努力而成為優秀的人才。

「記住我們的初衷：人才是企業管理之門。誰把握住了人才優勢，誰就真正扣開了企業管理的大門。」

第一，調整自己的工作重心，改變過去一味顧事務不顧人的管理方式。現在，你的主要精力應該用在這個方面：讓人生活得有意義，讓員工的工作有價值，有成就感。

第二，你要持之以恆地去發掘員工的優勢，激勵員工在優勢基礎上發展。把優勢作為管理的起點，決策時以企業優勢為基礎；同時把優勢作為管理的終點，評估時以員工的新優勢作為標誌。不久，你就會察覺：員工的積極性提高了，管理者與被管理者之間的心理相融了，你的工作也更愉快了。這時，你就開始進入優勢導向的情境中了。但是，切不可有急功近利的思想，整個企業都積極行動起來，並不意味著優勢導向就大功告成了，企業員工的成長也非朝夕之功。

第三，你要有耐心去做一些細緻的工作。例如，對於企業的劣勢，你敢於正視它，並想出辦法去改變它；對於暫處劣勢的員工，你要耐心地去激勵他上進，促使他加倍努力。

我的感悟

優勢導向作為一門管理人的藝術，是可以學會的；尋找和激發優勢作為一種能力，是可以自我培養的。

優勢型經理人是一個全新的形象，是受人尊敬、令人喜愛的經理人形象。一個優勢型經理人就是員工的一個楷模。

本書將大量優秀經理人辛勤工作的經驗加以提煉，以「優勢」及其「導向」作為線索，將它作為一門有獨特價值的管理藝術給予系統化、理論化，呈獻在讀者面前。如果我們的經理人有志於成為管理專家，「優勢導向」將是說明你進入這個行列的一條便捷途徑。

尾聲

六個月後的一個早晨，我以一個分公司經理人的身分來到優勢型經理人的辦公室。

優勢型經理人笑容可掬的對我說：「你已經成為一個合格的優勢型經理人了。」他輕輕地拍了拍我的肩膀，「相信你的未來會比我更優秀。」

我望著鬢角漸漸斑白的優勢型經理人，心裡充滿著感激和敬佩。是優勢型經理人真正地發現了我的優點，又是優勢型經理人適時地培育了我的優勢，更是優勢型經理人恰當地運用了我的優勢，使我一天天地接近我的人生目標。

我常常懷念在優勢型經理人身邊工作的那些日子。在那些日子裡，我學會了如何去尋找員工的優點，也學會了怎樣去導向員工的缺點和不足。

作為一個經理人，我深深地體會到：沒有哪個員工是天生的優秀，也沒有哪個員工是天生的平庸。我們要做的就是那個善於尋找和培育員工優點的經理人。「以優點來取捨員工，員工就會越來越優秀，以缺點來取捨員工，員工也就會越來越平庸。」優勢型經理人說，「經理人就是員工成功路徑上的嚮導。」

我知道了經理人的成功，不僅僅在於「某個員工」的成功，而在於許許多多的「員工」的成功。

「讓每一個員工都優秀！」是優勢型經理人孜孜不倦的目標。

後記

我是第一次用故事和對話的形式來寫所謂的嚴肅的管理著作。因為是第一次，書中這樣或那樣的問題也就在所難免。在此，我相信讀者一定會給予我足夠的鼓勵和支持的，我也會在讀者們珍貴的鼓勵聲中再努力地向前邁進。我人生的信念是，唯有不斷變革，才能不斷地前進。

每一次出書的時候，我總有很多的話，想和讀者朋友們說說，但每一次都因為激動而說不出來，這一次也是一樣。我只好用我誠摯的謝意，來表達我的心情。我知道，我的每一本著作的生命力，都是源自於讀者、編輯和親朋好友對我的理解、支持和幫助。為此，我也特別希望讀者能給我批評和指正，這些將作為我前進的動力。

在這裡，我要特別感謝出版社徐學軍先生，是他獨具慧眼地在眾多的投稿中發掘了這本書，而且是在我發出投稿郵件後短短的一小時之內，並且在很短的時間內完成了本書出版的基礎工作；要感謝這本書的責任編輯宋丹青小姐，是她的高度的責任感和獨到的編輯藝術，使這本書風風光光誕生了；還要感謝出版社所有為這本書的出版和發行付出了智慧和努力的朋友們，正是他們的心血，成就了我的心願。

在這裡，我還要特別感謝我的中學老師周世玉、劉禾蘭夫婦，感謝我的大學老師汪木蘭、林碧珍夫婦以及我大學的班導王能憲老師，感謝曾經無私地幫助過我的周劭馨老師。正是許許多多細心呵護我的老師，使我得以健康成長。我還要特別感謝我的妻子和女兒，是她們給了我愛，給了我力量。有了她們的愛和力量，我才得以在我人生的征途上留下一個個深深的腳印。

唯願這本書能助讀者朋友成為成功的優勢型經理人。

國家圖書館出版品預行編目資料

優勢管理學：用故事訴說企業管理，當一個老闆欣賞、下屬愛戴的成功經理人 / 吳光琛著. -- 第一版. -- 臺北市：崧燁文化事業有限公司, 2022.02
面； 公分
POD 版
ISBN 978-626-332-015-4(平裝)
1.CST: 經理人 2.CST: 企業領導 3.CST: 組織管理
494.23 110022200

優勢管理學：用故事訴說企業管理，當一個老闆欣賞、下屬愛戴的成功經理人

作　　者：吳光琛
發 行 人：黃振庭
出 版 者：崧燁文化事業有限公司
發 行 者：崧燁文化事業有限公司
E-mail：sonbookservice@gmail.com
粉 絲 頁：https://www.facebook.com/sonbookss/
網　　址：https://sonbook.net/
地　　址：台北市中正區重慶南路一段六十一號八樓 815 室
Rm. 815, 8F., No.61, Sec. 1, Chongqing S. Rd., Zhongzheng Dist., Taipei City 100, Taiwan
電　　話：(02)2370-3310　　傳　　真：(02) 2388-1990
印　　刷：京峯彩色印刷有限公司（京峰數位）
律師顧問：廣華律師事務所 張珮琦律師

定　　價：320 元
發行日期：2022 年 02 月第一版
◎本書以 POD 印製